つなぐまちづくり
シビックデザイン

まえがき

東日本大震災では１０００年に1度といわれる巨大津波が発生し、多大な被害をもたらしました。この１０００年に1度ということは、これから１０００年たって再び大津波が襲うということではありません。確率論からいえば、50年先に再び大津波が来て、あと１９５０年間津波が来ない場合もあります。つまり津波を引き起こす大地震はいつ起きるかわからないということです。日本では、20年に1回くらいはどこかで大災害が起きるということは常識になっています。ということで、誰もが、自分が身近に体験する大災害は一生のうちに1回くらいはあるだろうと思っているに違いありません。

このような、日本人の災害感覚にもとづけば、１００年に1度であろうと１０００年に1度であろうとそのことには関係なく、大災害に備えるということになります。これまで、30年に1度、50年に1度起きる程度の地震や洪水、津波に対しては、「１人の生命も失わせない」という方針で政府や自治体の防災対策がたてられています。

その対策は堤防とか、建物の構造といった工作物、建築物を対象としていますが、このたびの大震災のような巨大災害では、ハードの対策のみでは人の命を完全に守るというのは困難であることが明らかになりました。

巨大災害に対しては、できる限り多くの人の命を助けるという視点が大切です。いかに被害を減らすかということが求められています。

その防災・減災対策とは土木工作物や建物といったハードの対策のみに頼るのではなく、新しい土地利用とか、警戒システムの改善、避難教育の徹底、地域コミュニティの向上、さらには社会的弱者の保護といったソフトの面を重視することです。

なるべく犠牲者の数を少なくするようにしながら、日常の仕事や生活にも不便をかけない対策を構築する必要があります。

言い換えれば、巨大災害対策とは、健常者には元気に仕事ができる場所に住み着いてもらい、しかし災害に対するリスクは覚悟してもらう。子供や老人、病人といった社会的弱者は常に安全な場所で生活してもらうという原則を定め、まちの将来像や被災した場合の復旧・復興を踏まえたまちづくりが必要であるということです。

進歩した緊急地震速報や津波警報システムが確立され、足腰の強い健常者であれば津波や大地震発生と同時に退避行動を速やかにとることができます。

堤防などの工作物や建物などに巨費を投じて、１０００年に1度の巨大災害に備えるという方策や、危険な場所には誰1人近づけないという考え方は改めるべきです。漁業などに従事する人は、必然的に生活のために海辺に起居せざるを得ません。災害の危険のある場所には、十分にそのことを熟知して対処できる人が生活し、仕事をすることが考えられます。

このような考えのもとに、本書は、公共建築・空間に巨大災害の存在を視野の片隅において、地域の特性を活かしつつ、ちょっとした工夫を凝らし、それらを持続的に蓄積することにより、安全安心のまちづくりに資することを目指しているものであります。

２０１４年3月

ＬＬＰシビックデザイン　会長　伊藤　滋

つなぐまちづくり
シビックデザイン

目次

1章

chapter 1

まちづくりを取り巻く背景

過去の体験を教訓に

日本の国土面積は約37万平方キロメートル、全世界のたった０・28％である。しかし、世界で起こったマグニチュード6以上の地震の約20％が日本に集中し、世界の活火山の約7％が日本にある。そして、全世界の災害で亡くなる人の０・３％、被害額の約12％が日本が占めるといわれている。

日本は世界でも災害の割合が多い国である。先進国といわれる国の中ではただ1つである。このことから、日本は世界の中で防災についても先進的な国でなければならないといえる。

明治維新以降でみると、図のように大きな地震が起き、その折々で大きな被害が出ているが、人々の英知でそれらを乗り越え、大きく発展してきた。

東日本大震災後は「想定外」が常套句《じょうとうく》となり、政府やメディアから「地震はマグニチュード9・０で、世界で4番目の規模」「津波は１０００年に1度の規模」だったという発表が相次いだ。

地震の規模はそうかもしれないが、巨大津波は本当に未曾有《みぞう》の規模だったのか。過去の災害記録をみると大きな津波が起きているが、地域や社会で忘れ去られている災害も多い。

三陸地方では、明治三陸地震（１８９６年）と昭和三陸地震（１９３３年）と2度の大津波があった。さらに、１９６０年にはチリ地震による津波に襲われている。これらをもとに、三陸地方の各自治体は「津波浸水想定区域」と書いた標識を設置していた。今回の大津波が「想定外」であるなら、標識は津波に飲み込まれ流失するはずだが、「想定があたり」残っているものも少なくないそうである。

■ 社会動向と地震災害

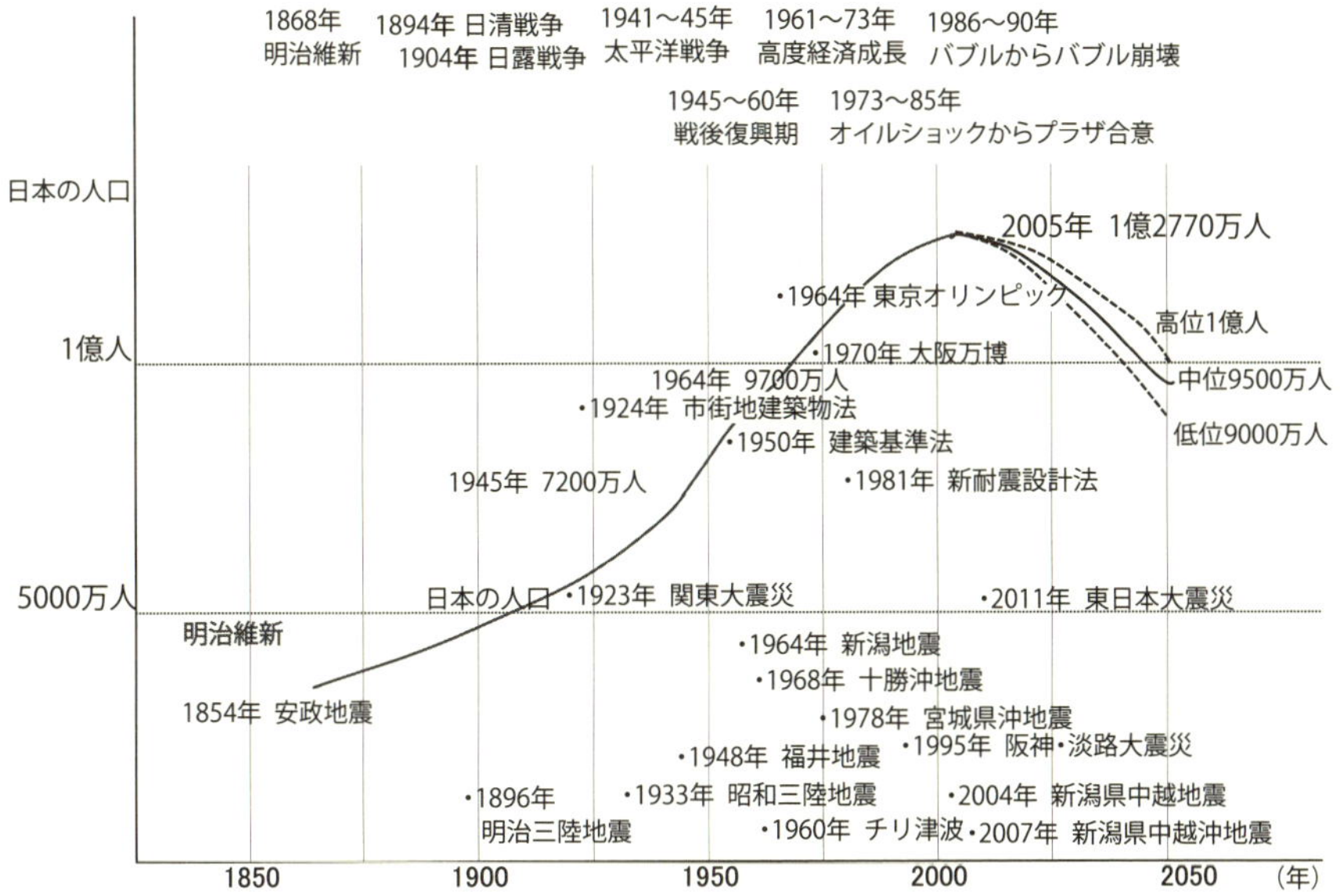

■ 主な巨大地震の規模

日本の地震			世界の巨大地震（M9.0 以上）		
年	地震	M	年	地震	M
1923	関東大震災	M7.9	1952	カムチャツカ地震	M9.0
1964	新潟地震	M7.5	1960	チリ地震	M9.5
1968	十勝沖地震	M7.9	1964	アラスカ地震	M9.2
1978	宮城県沖地震	M7.4	2004	スマトラ地震	M9.1
1993	北海道南西沖地震	M7.8			
1995	阪神・淡路大震災	M7.3			
2003	十勝沖地震	M8.0			
2004	新潟県中越地震	M6.8			

浸水想定区域内にあった避難場所へ避難した人、「津波は来ない」と思い込んだ人など、過去の経験が活かされなかったゆえの犠牲者が多い。旧田老町（現・宮古市）は、明治、昭和の津波で2度も壊滅的な被害に遭《あ》い、その後、まちの中心街を延長約２４００メートルの二重防潮堤で囲み、その要塞のような姿から「万里の長城」と呼ばれてきた。津波は二重防潮堤を越え、多数の被害者が出た。

防潮堤のすぐ内側の家の人は逃げなかった。気づいたときは防潮堤の上に自分の船がみえたという。「誰も防潮堤を越えるとは思わなかった」――しかし、実際の浸水区域はハザードマップに示されていた範囲と大きく違わなかったそうである。「防潮堤を越えない」と過信したり、過去の体験が風化していることなどが被害を大きくさせているといえる。

東日本大震災を教訓とすると、巨大災害では人の命を守れるハードの対策はできないことが明らかになった。安全安心のまちづくりは土木工作物や建築物といったハードだけに頼るのではなく、新たな土地利用、情報システムや防災・避難教育の徹底、さらには災害弱者への予防的対策などといったソフトをきめ細かく充実することが必要である。

想定されている地震

過去の大規模地震の発生の歴史的経過や観測技術・体制の充実にともない、全国各地における大地震の発生が予想されている。そのうち、国の中央防災会議では、地震の規模も大きく、その被害も巨大なことから、南海トラフ地震と首都直下地震についてさまざまな対策を講じてきている。

■ 日本周辺のプレート（内閣府ホームページより）

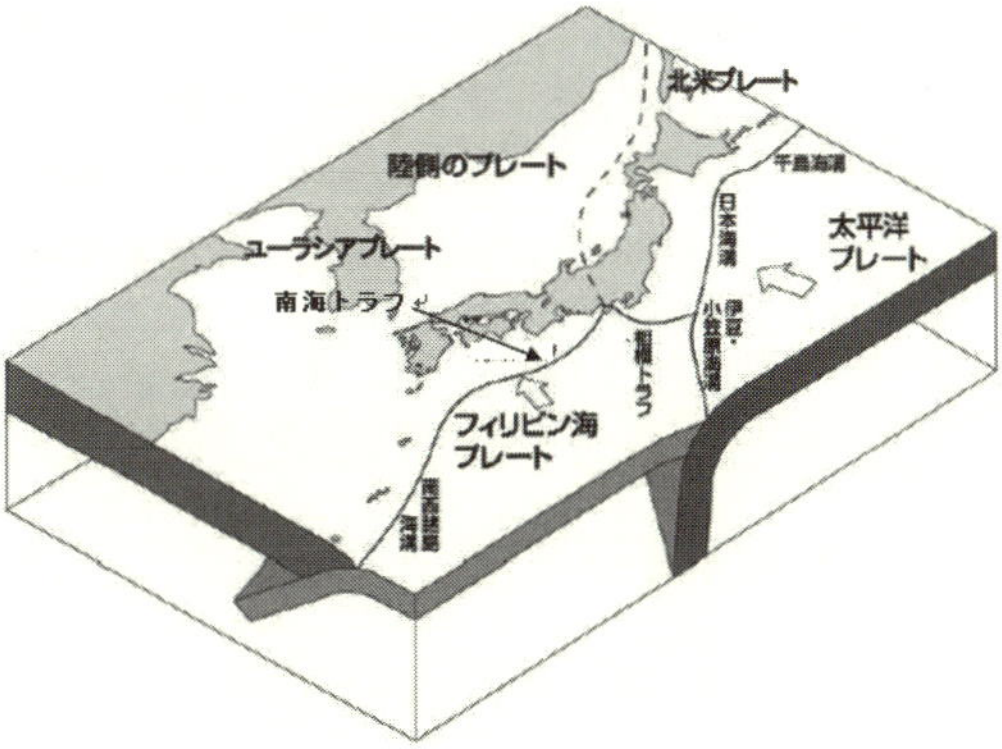

２０１１年3月に発生した東日本大震災（東北地方太平洋沖地震）は、これまでの想定をはるかに超える巨大な地震・津波により甚大な被害をもたらした。これを受け、中央防災会議に設けられた有識者会議で、南海トラフ地震と首都直下地震について検討が進められてきた。

南海トラフ地震

日本の太平洋岸では、海洋プレートが陸のプレートに沈み込んでおり、これらの境界で、プレート先端が跳ね上がることによりマグニチュード8クラスの海溝型地震が発生してきている。東北地方太平洋沖地震は、太平洋プレートが沈み込んだことにより起きたものである。

南海トラフとは、フィリピン海プレートがユーラシアプレートに沈み込んでいる駿河湾の富士川河口付近を基点として、御前崎沖まで南下し、その後、南西に向きを変え潮岬沖、室戸岬沖を通って日向灘沖に達する付近の沈み込み帯をいう。

■ 東海・東南海・南海地震が関連する過去の巨大地震

地震（年）	南海	東南海	東海
正平地震　M8.1～8.5（1361）	■■■■■■■■■■■■		
明応地震　M8.2～8.4（1498）		■■■■■■■■■■■■	
慶長地震　M7.9～8.0（1605）	■■■■■■■■■■■■■■■■■■■■■■■■■■		
宝永地震　M8.4～8.7（1707）	■■■■■■■■■■■■■■■■■■■■■■■■■■		
安政地震　M8.4（1854）	■■■■■■	■■■■■■■■■■■■■■■■■■■	
昭和東南海地震　M7.9（1944）		■■■■■■■■■■■	
昭和南海地震　M8.0（1946）	■■■■■■■■		

■ 南海トラフ地震の予想最大震度分布（内閣府ホームページより）

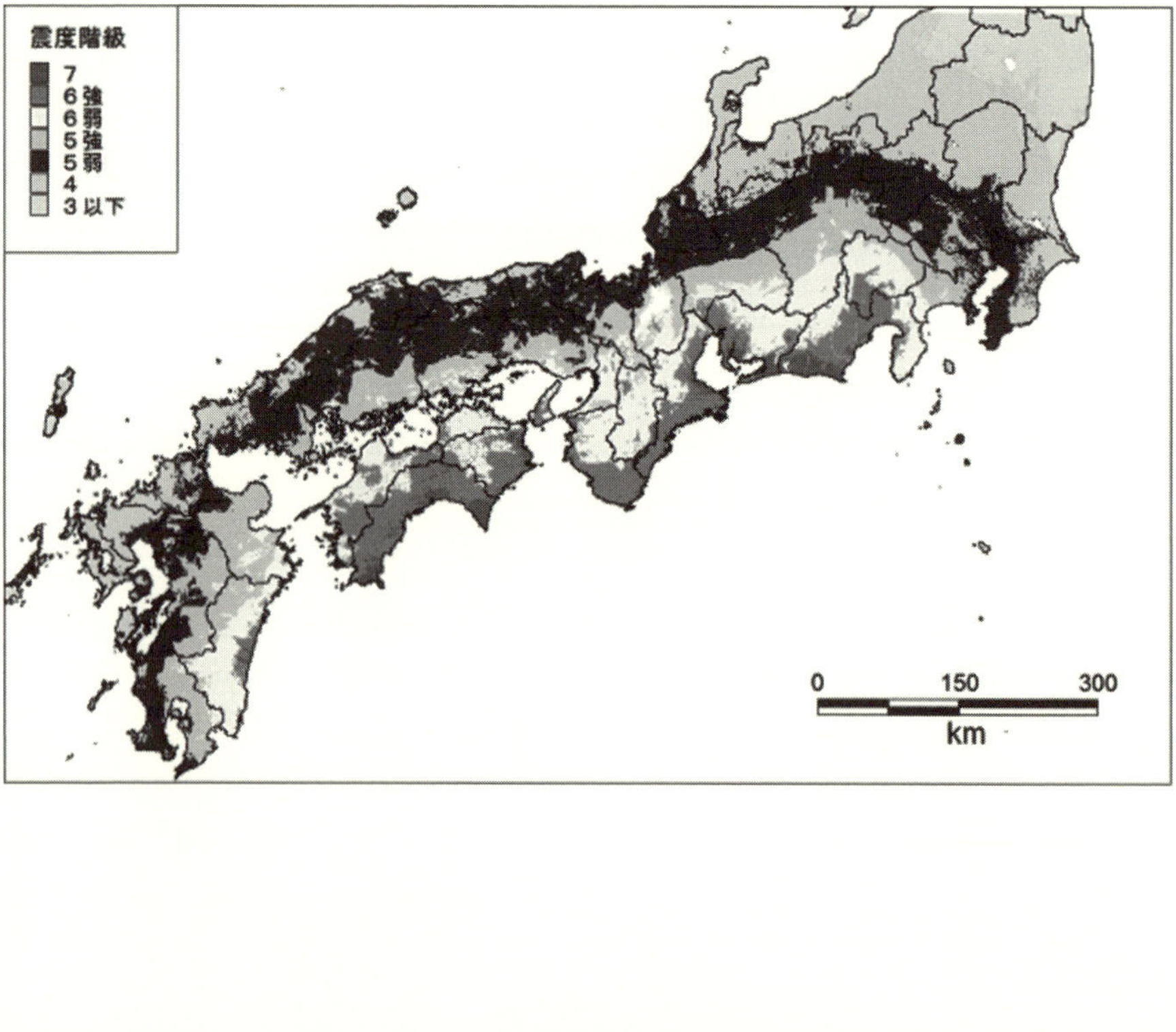

ここでは、これまで東海地震、東南海地震、南海地震などのマグニチュード8クラスの巨大地震が約１００年から２００年ごとに発生している。１７０７年の宝永地震では、東海道・伊勢湾・紀伊半島での震害が大きく、津波は紀伊半島から九州までの太平洋沿岸や瀬戸内海を襲った。また、１８５４年の安政地震では、関東から近畿に及ぶ東海地震が起き、その32時間後に南海地震が発生した。２つの地震はマグニチュード８・４と巨大で、被害は関東から近畿、そして九州に及んだ。

これら3大地震には含まれないが、南海トラフの西端部の日向灘で発生する日向灘地震がある。このことから、最近は東海・東南海・南海地震の3連動に加えて、日向灘地震も加えた4連動の地震も想定されている。

この南海トラフ沿いで発生する大規模な地震について国は、これまでその地震発生の切迫性などの違いから、２００３年、東海地震と東南海・南海地震のそれぞれについて「東海地震対策大綱」「東南海・南海地震対策大綱」などを策定し、個別の対策を進めてきた。

東日本大震災を受け、２０１１年8月、内閣府に設置された「南海トラフの巨大地震モデル検討会」では、南海トラフ沿いで発生する大規模地震対策を検討するにあたって「あらゆる可能性を考慮した最大クラスの地震・津波」を想定するという観点から、東日本大震災と同規模のマグニチュード９・１と想定し、地震動や発生時刻と風速の組み合わせなど6ケースの設定条件で検討を進めた。

この結果、最悪クラスの地震が起きる確率は低いとされるが、関東から四国・九州にかけてのきわめて広い範囲で強い揺れと巨大な津波が想定されることとなった。

■ 南海トラフ地震の被害が最大となるケースと東日本大震災との比較

	マグニチュード	浸水面積	死者・行方不明者	建物被害
		（km²）		（全壊棟数）
東日本大震災	9	561	2万1377人[※1]	12万6574棟[※1]
南海トラフ地震	9.1	1,015[※2]	約32万3000人[※3]	約238万6000棟[※4]
倍率		約1.8倍	約15倍	約19倍

※1：2013年9月1日　消防庁
※2：堤防・水門が地震動に対し正常に機能する場合の想定浸水区域
※3：地震動（陸側）津波ケース（ケース1）時間帯（冬・深夜）風速（8 m /s）の場合の被害
※4：地震動（陸側）津波ケース（ケース5）時間帯（冬・夕方）風速（8 m /s）の場合の被害

最大で震度7になるところがあるのは10県１５１市区町村に及び、高知県黒潮町では34メートル、静岡県下田市では33メートルの津波がくる。高さ1メートルの津波の到達時間は和歌山県串本町の２分から、３時間半を越える地域もある。

津波は高さ1メートルで巻き込まれた人が全員死亡し、２メートルで木造家屋の半分が全壊するという。浸水面積は最悪の想定で東京都の面積の約半分にあたる１０１５平方キロメートルに及ぶという。

首都直下地震

首都直下地震とは、関東地方の南部（東京都、千葉県、埼玉県、神奈川県、茨城県南部）で繰り返し発生するマグニチュード7級の大地震を指している。この地域に大きな被害をもたらした大規模な地震には、１７０３年の元禄地震、１８５４年の安政地震、１９２３年の関東大震災などがある。

東京は、国会や中央省庁が集まる政治・行政の中心地、国内の主要企業の本社が集中する経済の中心地であ

■ 都心南部直下地震（M 7.3）の予想最大震度分布（内閣府ホームページより）

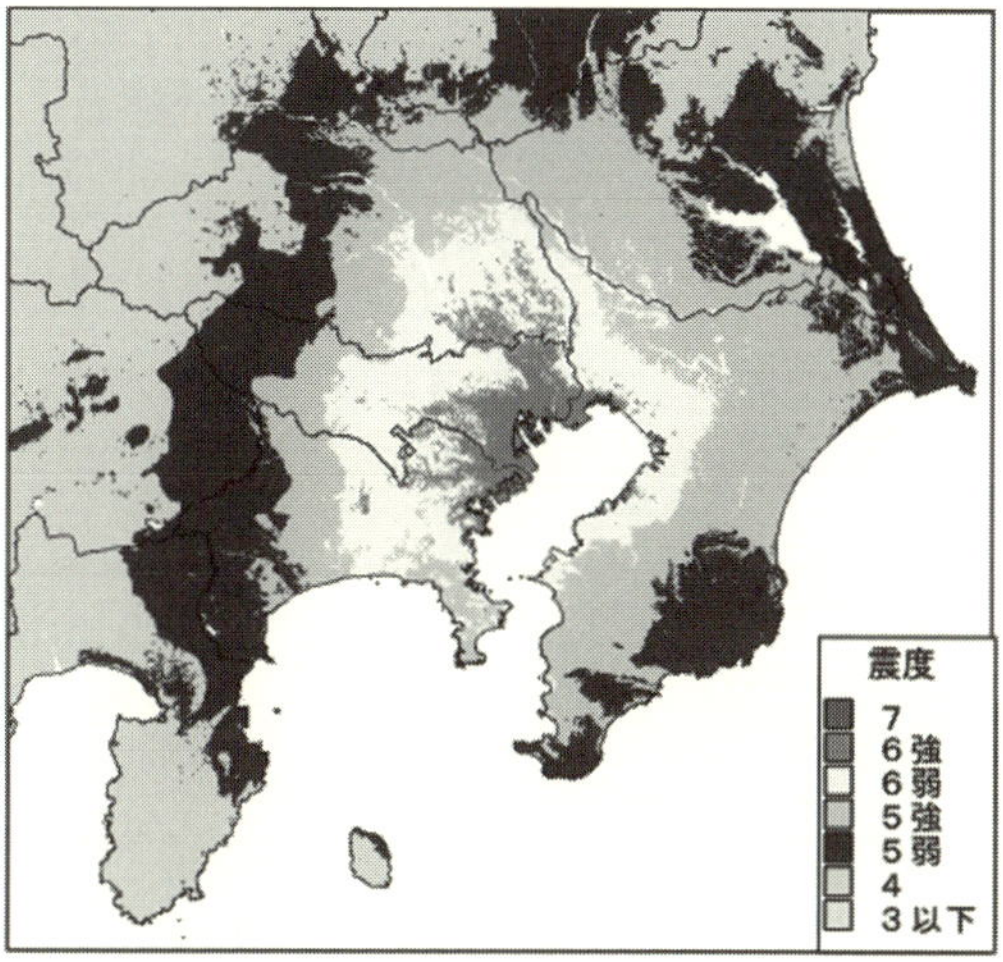

■ 大正関東地震（関東大震災）タイプの地震（M 8.2）の予想最大震度分布
（内閣府ホームページより）

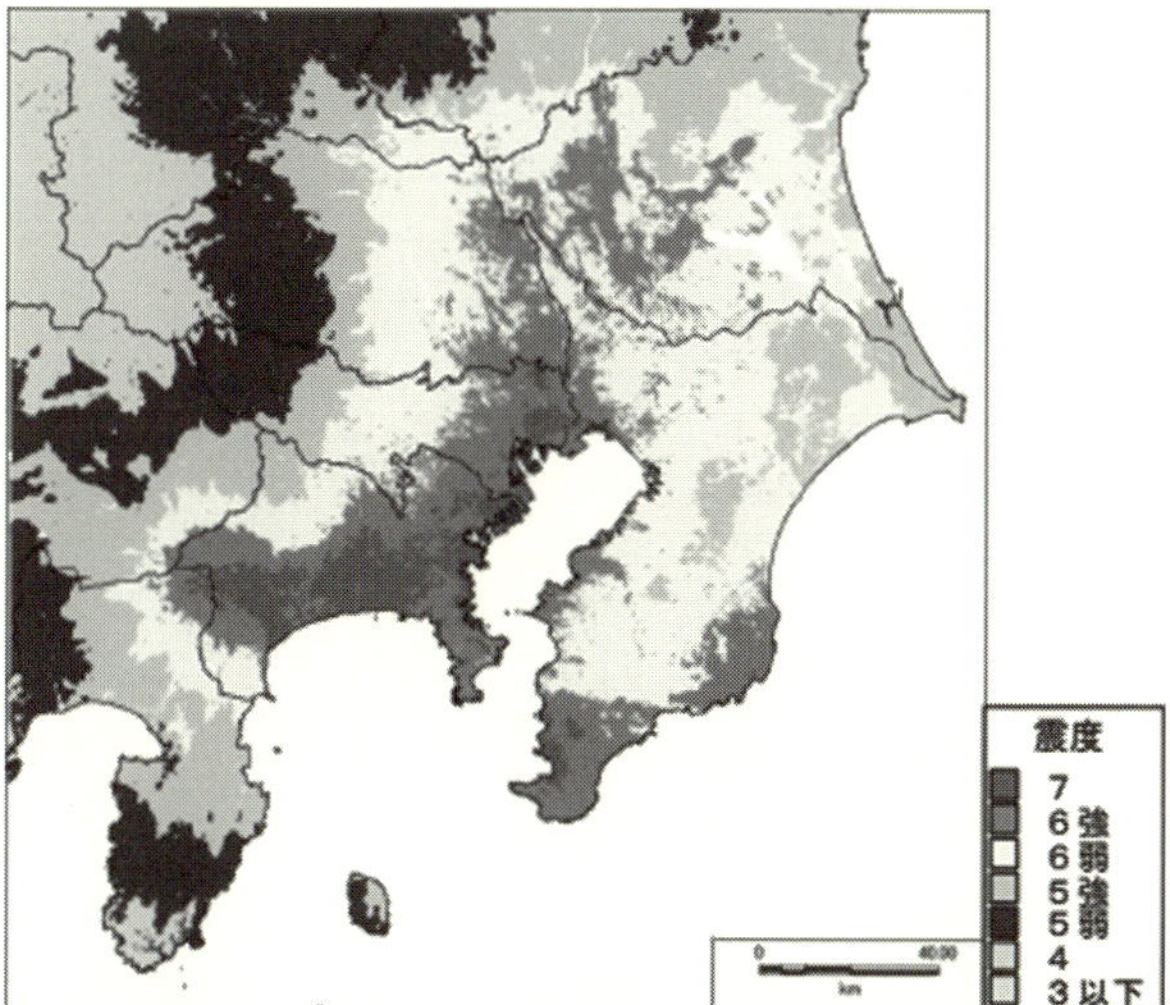

■ ２つのタイプの首都直下地震の被害予想

	死者	負傷者	建物全壊・焼失	経済的被害
首都南部直下地震（M7.3）	２万3000人	12万3000人	61万棟	95兆3000億円
関東大震災タイプの地震（M8.2）	７万人	24万人	133万棟	160兆円

り、日本だけでなく世界経済の中枢として重要な地位にもある。それゆえ直下地震によって国家の安全や経済活動に重大な支障を及ぼすことも想定されることから、国は１９９２年に「南関東地域直下の地震対策に関する大綱」を制定し、さらに２００３年から中央防災会議において調査を進め、２００５年の報告では、東京湾北部地震（マグニチュード７・３）を対象とし、最悪の場合、死者約１万３０００人、負傷者17万人、帰宅困難者約６５０万人、全壊の建物約85万棟、避難者約７００万人、経済への影響約１１２兆円という甚大な被害が出ると想定していた。

その後、東日本大震災を受け、「あらゆる可能性を考慮した最大クラスの巨大地震・津波」を検討すべきとされ、２０１３年８月、内閣府に設置された「首都直下地震モデル検討会」で検討が進められ、２０１３年12月、その報告が出された。

検討では、防災・減災対策の対象とする地震は、切迫性の高いマグニチュード７クラスの首都直下地震とし、さまざまなタイプの中から、被害が大きく首都中枢機能への影響が大きいと考えられる都区部直下の都心南部直下地震とされた。

また、相模トラフ沿いの海溝型のマグニチュード８クラスの地震については、当面発生する可能性は低いが、今後、１００年先頃には発生する可能性が高くなっていると考えられる大正関東地震タイプの地震を長期的な防災・減災対策の対象として考慮することとされた。

今回の報告による首都直下地震の被害予想の概要は、表のとおりである。２００５年の東京湾北部地震（マグニチュード７・３）を対象とした想定に比べると、建物被害や経済的被害は、耐震化・不燃化が進んだこともあり減っている。

地震災害と建築

建築技術は、災害、それも地震災害を糧《かて》として進化しているといっても過言ではない。近代における建築と地震のかかわりを振り返ってみる。

「火事と喧嘩は江戸の華」といわれるように、江戸時代は火事が多かった。蔵造りなど土蔵もあったが、ほとんどは木造建築である。明治維新（１８６８年）により、明治政府の樹立と同時に首府を東京とし、中央官庁は皇居周辺の諸藩の邸宅などが充《あ》てられたが、分散し不便をきたしていた。１８７３年の皇居炎上を機に、旧本丸内に諸官庁を、煉瓦《れんが》あるいは石造などの不燃構造で建築することと決めたが、調査の結果、地盤が悪く実現しなかった。

１８８５年の内閣制度の発足を機に、新内閣の国家的事業として諸官庁を日比谷練兵場に集中して建設することと決めたが、ここも地質が悪く、１８８９年、霞が関を中心とする現在地に変更された。

この中央官庁（官衙《かんが》）集中計画は、国威高揚や幕末に結ばれた日米通商条約など諸外国との不平等条約解消を意図し、当時の外務大臣井上馨を総裁とする内閣直属の臨時建築局により実施さ

法務省本館

れた。臨時建築局はこの計画をドイツのエンデ・ベックマン事務所に委嘱するとともに、煉瓦造建築など欧風建築技術を習得するため、妻木頼黄、河合浩蔵、渡辺譲の３人の建築家のほか十数人の職人をドイツへ派遣した。帰国した妻木が大審院（現・最高裁判所、１８９６年完成）、河合が司法省（現・法務省、１８９５年完成）を担当して工事監理にあたり、建設された。

　この計画を進めている１８９１年に濃尾地震が起きた。この地震は、わが国の内陸地震（直下型）では最大のもので、岐阜県根尾村（現・本巣市）では上下６メートル、水平に２メートルずれる大断層が生じ、仙台以南の全国で身体に感じる揺れがあった。

　この地震を受け、臨時建築局では耐震性を確保するため、煉瓦造の壁を鉄骨で補強している。その結果、これらの庁舎は、関東大震災（１９２３年）では無事であった。しかしながら、東京大空襲（１９４５年３月10日）により壁のみを残し焼失した。戦後、屋根を天然スレート瓦にするなど外観を大きく変えながらも、大審院は最高裁判所として、司法省は法務省本館として使われた。

　１９７０年代の集約・立体化とする中央官庁整備の一環として１９７４年、最高裁判所庁舎は三宅坂に新築・移転した。旧庁舎は日本建築学会などからの保存要望もあったが、取り壊され、跡地には東京高等・地方・簡易裁判合同庁舎が建設された。一方、法務省本館は、各界からの保存要望を受け、１９９４年、創建時の姿に復元され、赤煉瓦庁舎として活用されている。

　１９２３年の関東大震災は、地震後の火災が被害を大きくし、死者・行方不明者約14万人、家屋全半壊約25万棟、焼失約44万棟と、災害史上最悪の被害をもたらした。大震災では、煉瓦造の建物が倒壊し、建てられはじめた鉄筋コンクリートの建物も被害が多く出たことから、耐震建築への関心が高まり、翌１９２４年、市街地建築物法（現在の建築基準法）が改正され、日本で初めての耐震基準（設計震度０・１：建物の各階に当該階の自重の10％が横からの力として作用するとして設計する）が規定された。これらを契機に、全国の庁舎や大型建物に耐震・耐火建築として鉄筋コンクリート造が取り入れられた。

　太平洋戦争が終わり、空襲で焼かれた都市の復興が始まった１９４８年、福井地震が発生した。被害は福井平野とその付近に限られたが、死者約３８００人、家屋倒壊約３万６０００棟に及び、福井市内のシンボル的建物であった鉄筋コンクリート造の６階建ての大和デパートも全壊した。

　これを教訓として、１９５０年の建築基準法の制定で、鉄筋コンクリート造では現行の設計震

福井地震により全壊した大和デパート（福井市広報公聴課写真帳より）

度０・２が規定された。

木造住宅については耐震性の確保とあわせて、不燃化が重要な課題であった。そこで取り入れられたのが「壁量規定」である。従来の伝統的な木造住宅にみられる真壁工法では柱や梁などが外気にさらされて延焼しやすい。木造住宅でも外壁をモルタルなどの不燃材で覆うことが不燃化には効果がある。

一方、戦時中に多くの木材が消費され、山はハゲ山で木材は枯渇し、頑丈な骨組みをつくるための太い木材もない状況であり、戦災の焼け野原に大量の住宅を建設するには、筋交いや大壁工法のパネルは施工が簡単で、細い木材の組み合わせでも可能であることから、有効であったといえる。

１９６４年の東京オリンピックの年の６月、新潟地震が起きた。この地震では新潟市内の各所で噴砂《ふんさ》水《すい》がみられ、地盤の流動化による被害が顕著であった。液状化は砂層などの軟弱地盤で地震によって起こるとされていたが、構築物の被害が際立ったのは初めてであった。地盤の液状化によって、竣工した

新潟地震により転倒した県営住宅（新潟地震写真集より）

ばかりの昭和大橋は橋脚が倒れ、梁桁の片方が落ち、川面からちょうどノコギリ屋根が出ているような状態になった。

信濃川の河畔の県営住宅は大きく傾き、ほとんど横倒しになった棟も出た。しかし、壁式構造の構造体は無事だった。壁式構造は自重と同じ力が横からかかっても安全だった（つまり、設計震度１・０に耐えられた）ということであり、このことから、中低層建物では柱・壁の量を多くする、いわゆる強度を高めるという流れとなった。

この液状化被害を受け、基礎工法が見直されるなど、軟弱地盤への対策が講じられるようになった。東日本大震災では、大規模な液状化が起きたが、必要な対策がなされている建物は無事であった。一方、不備な住宅などでは被害が数多く発生した。

１９７１年、ロサンゼルス地震（後にサンフェルナンド地震と呼ばれる）が起きた。この地震はさほど大規模な地震ではなかったが、震源が浅く、近代都市の近郊（ロサンゼルス市中枢部の北約40キロメ

■ 阪神・淡路大震災における木造住宅（在来工法）の倒壊率

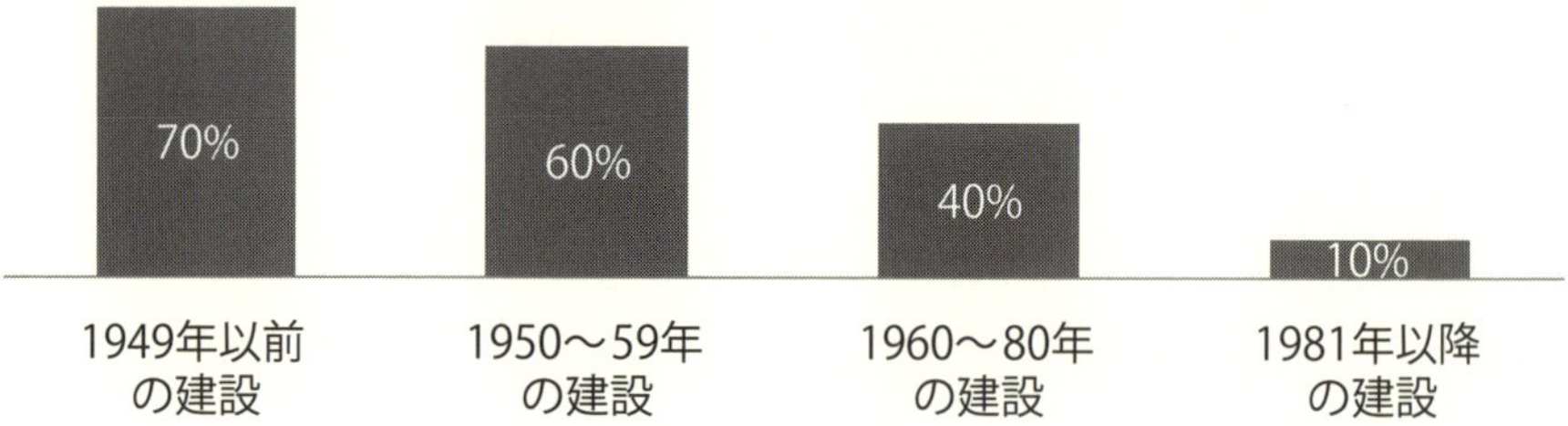

ートル）で発生したため、相当な被害を出した。都市災害ということで日本からも数多くの専門家が調査に行った。それらの報告をもとに鉄筋コンクリート造の構造規定が改正され、柱のせん断破壊を防止するため、フープ筋の間隔25センチメートルが10センチとなった。

さらに、中央防災会議において大都市の震災の重大性にもとづいて、総合的な防災対策の検討がなされ、全国的に建築物の点検を実施することとなった。耐震点検が始まった年である。耐震点検では、建物の倒壊を防ぐということで、新潟地震における壁式構造の高い耐震性などを踏まえ、第1段階の診断は構造体の強度で、柱・壁量のチェックとなった。

これらと連動し、鉄筋コンクリート造について、十勝沖地震（１９６８年）による構造体の被害や宮城県沖地震（１９７８年）の天井・外壁などの非構造部材の被害などを教訓に、強度主体の考えから変形や粘りを踏まえた保有耐力設計とする新耐震設計法が１９８１年に制定された。

１９９５年、阪神・淡路大震災が起きた。兵庫県の報告によると死者数は６４０２人で、直接死が５４８３人、関連死が９１９人とされ、直接死の死因は、住宅の倒壊などによる窒息・

圧死が約73％、焼死が約7％となっている。また、死者の約78％が発災日（1月17日）に亡くなっており、その場所は自宅が約87％を占めるとされる。建物が被害を多くしているといえる。神戸市の報告によると１９８１年以降、いわゆる新耐震設計法で建設された住宅の90％は無事だった。これら被害を教訓に、２０００年に構造規定が見直された。住宅では壁量規定を満足するための条件として、金物などで固めるなどの規定が強化された。

戦後の人口動向

日本の人口は明治維新以後、漸増してきた（11ページ参照）。戦後の復興、高度成長期、その後の安定成長期を通して人口は増加し、戦後の60年間でみると約５６００万人、1年平均すると約90万人の増となる。ちょうど、広島や仙台くらいの都市が毎年生まれてきたことになる。

この間に、日本のまちづくりは着実に進み、餓死はもとより、雨露をしのげないという人はほとんどみかけなくなった。すばらしい社会・都市政策であったといえる。

しかしながら１９７０年代以降、少子化が進んだことから２０１０年をピークに人口は減少し始めており、国立社会保障・人口問題研究所の将来人口予測（中位予測）によると、２０５０年には約９７００万人になるといわれている。年齢3区分別にみると、少子高齢化は今後さらに進む。

高齢化は現在、地方都市では深刻な問題であり、特に中山間地域においては人口のうち半数以上が65歳以上という、いわゆる限界集落が多発している。

しかしながら、今後、高齢化がより問題となるのは、東京、神奈川、大阪などの大都市においてである（26ページ参照）。

■ 人口３区分比較・合計特殊出生率

	1965 年	2010 年	2050 年
人口（千人）	98,275	128,057	97,076
15 歳未満	25.6%（25,166）	13.1%（16,839）	9.7%（9,416）
15 ～ 64 歳	68.1%（66,928）	63.8%（81,734）	51.5%（49,994）
65 歳以上	6.3%（ 6,181）	23.18%（29,484）	38.8%（37,665）
合計特殊出生率	2.13	1.39	―

■ 都道府県別の高齢者人口の現状と予測（2005 年から 2035 年）

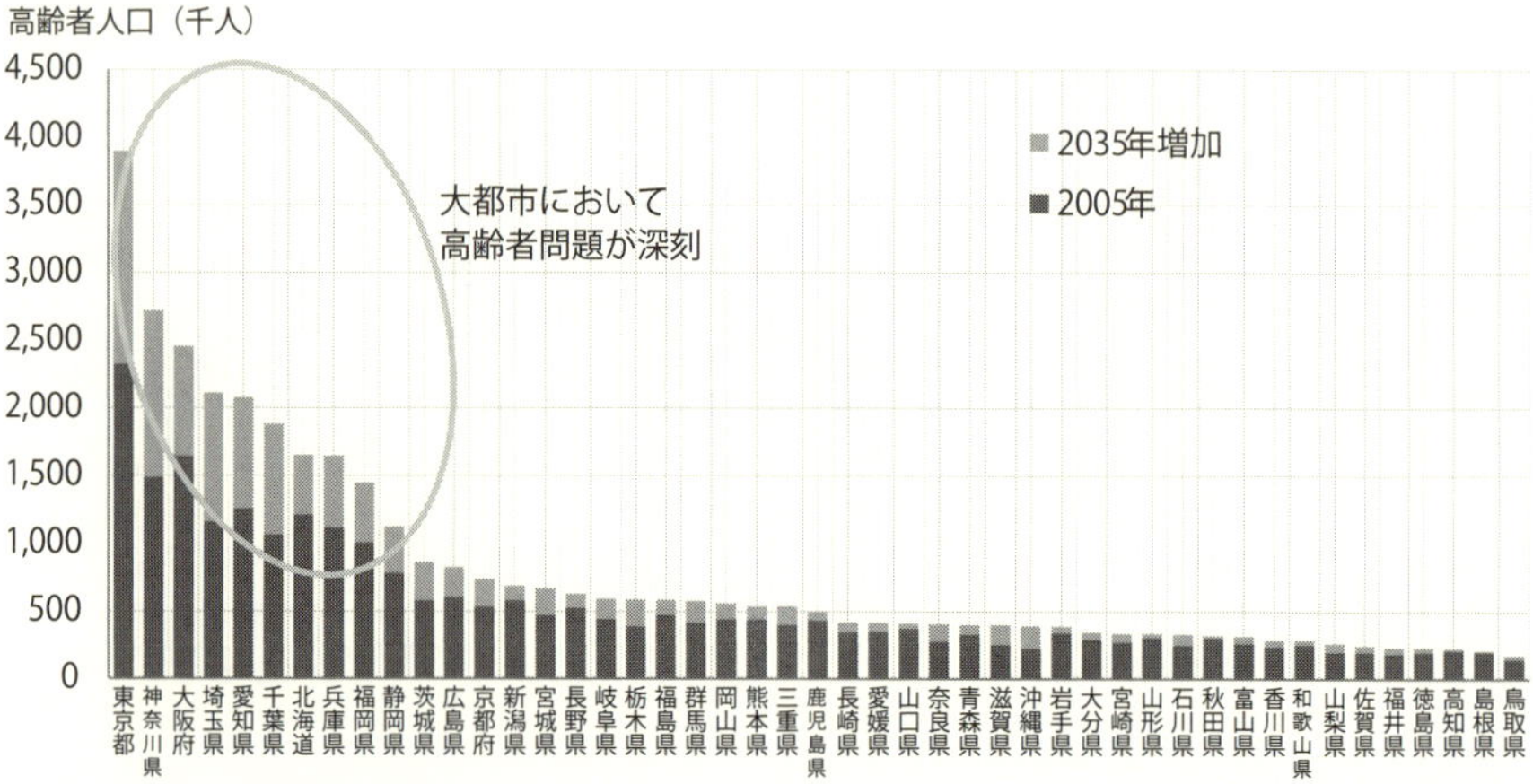

少子化について、１９６５年には15歳未満が全体に対して25・６％であったが、２０１０年には13・１％と下がってきている。合計特殊出生率（女性が一生のうちに産む子供の平均数）は、戦後のベビーブームのころは４・５であったが、減り続けて２００５年には１・26まで減少した。その後、各種施策の展開などを受けて微増状態となり、２０１２には１・41まで回復している。よりいっそうの保護・支援政策の展開が望まれる。

一方、15～64歳の、いわゆる生産年齢人口は今後急激に減少する。率でみると２０１０年は63・８％、２０５０年には51・５％となり、約20％減である。しかしながら、それぞれの年の生産年齢人口数をみると２０１０年は約８１００万人、２０５０年は約５０００万人で３０００万人強の差があり、40％の減少である。

つまり、働き、税金を払って社会を支える人が減少するということである。

社会保障について、巷《ちまた》では、前回の東京オリンピック当時（１９６４年）は約10人で１人を支える「胴上げ状態」、現在は３～４人で１人を支える「騎馬戦状態」、将来は１～２人で１人を支える「肩車状態」になるといわれている。

人口減少とまちづくり

まちづくりの根幹となる社会資本は、戦後の経済成長とあわせ量的・質的にも整備が進んだ。特に、東京オリンピックや大阪万博などを契機とした高度成長期（１９６１～１９７３年）には飛躍的にその整備が進んだ。

その後、オイルショック（１９７３年）、バブルからバブル崩壊（１９８６～１９９０年）な

■ 社会資本整備状況

社会資本	1964 年	2005 年
高速道路	300km	7500km
新幹線	560km	2400km
道路舗装率	4.40%	70%
下水道普及率	8%	75%
1人当たり公園面積	2.4㎡	7.1㎡
住宅戸数	2000 万戸	4200 万戸
1人当たり居住面積	5 畳	11 畳

ど安定・低成長期を経緯し、その流れにリンクした形でまちづくりは進み、社会資本も量的・質的に整備が進んできた。

この動向を河川整備に対する視点でみると、まず災害を防ぐということで「治水」、人口増、経済成長の時代になると「利水」、その後の安定・低成長時代になると「親水」、あるいは環境問題が叫ばれた時代から「多自然型河川」など、時代の流れに対応した整備が進められてきている。

しかしながら、それら社会資本の多くは、今後、集中的に老朽化や陳腐化することが予想され、補修や更新費用が増大することが懸念されている。一方、社会資本整備、まちづくりに対する国民のニーズは、環境や景観、少子高齢化、ユニバーサルデザインへの対応など、多様化・高度化してきている。

このような状況を踏まえ、これからのまちづくりは、人口減少、とりわけ生産年齢人口の急

■ 公共建築の定義（破線で囲んだ部分）

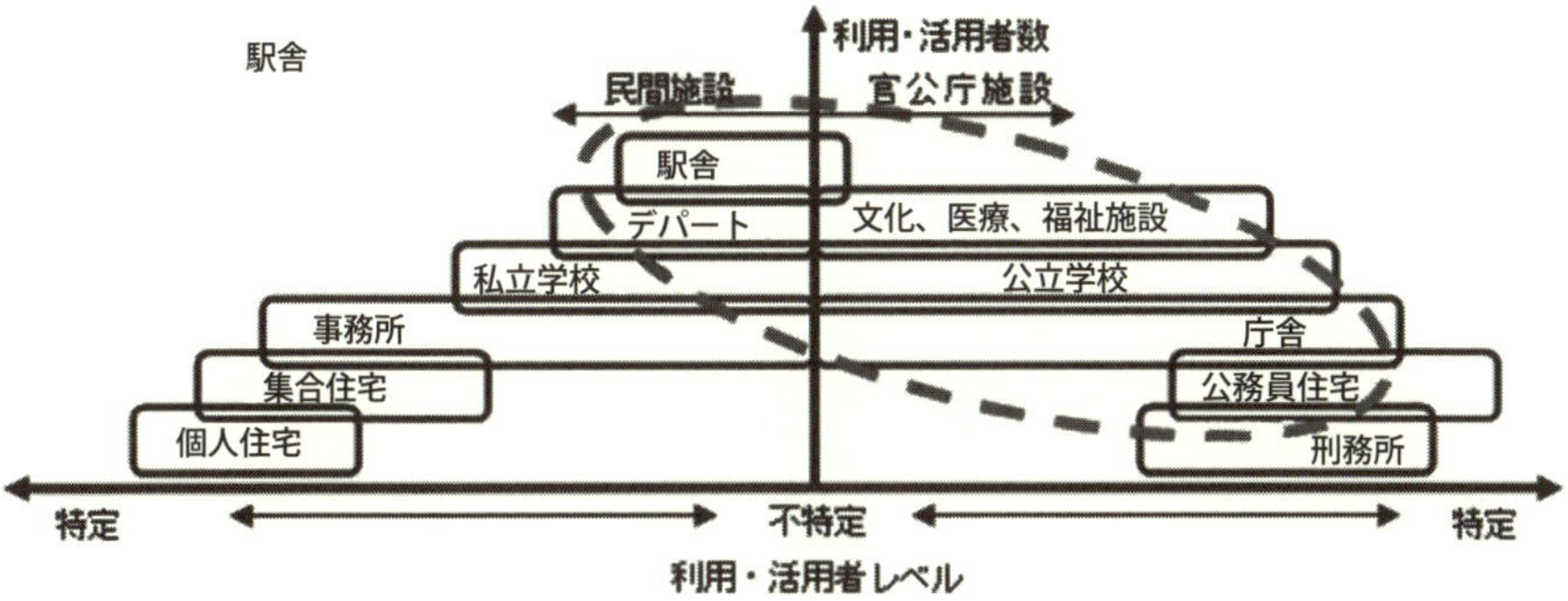

激な減少の中で、既存の良質なストックを活かし、的確に推進することが求められている。

公共建築の活用

公共建築とは何か。一般的には官公庁所有の建築を指すが、その利用面を考えると駅や私立の学校、病院なども含まれるという考え方もある。

そこで、図のように、ここでは「不特定の人が自由に出入り（利用・使用）できる建物」と定義する。

駅舎や百貨店は民間の建物だが、目的に応じて自由に出入りできるから公共建築といえる。一方、刑務所は官公庁（法務省）の建物だが、自由に出入りできないから公共建築ではない。

わが国の建築ストック総量は、東京大学生産技術研究所の野城智也教授の推計（２０００年）によると約80億平方メートルとされ、このうち官公庁建築は約7億平方メートルとされている。国民1人あたりにすると約5・5平方メートルとなる。

所有施設面積をホームページで公表している市町村の

データをみると、人口１人あたりの所有施設面積は、平均では３・４平方メートル、人口が多くなるに従って、その値は小さくなっている。また、人口密度との関係は顕著で、データの中で人口密度がいちばん高い東京都西東京市（1平方キロメートルあたり1万１７５０人）では、１人あたりの所有施設面積は１・６平方メートル、いちばん低い石川県珠洲市（1平方キロメートルあたり77人）では６・８平方メートルとなっている。

人口が多いほど、さらに、人口密度が高いほど効率的な施設経営がなされているといえる。

総務省の資料からも同様の傾向がみられ、所有施設の１人あたり面積を都道府県、市町村などでみると、市町村が多く、人口の多い大都市、さらには東京23区のように人口密度が高い自治体は少ない傾向にある。

市町村における所有施設の種類別の構成をみると、小中学校などの公立学校が圧倒的に多く、次いで庁舎となる（32ページ参照）。なお、文部科学省のデータによると、公立学校は約４万校、２・２億平方メートルとなっている。

これらの公共建築は、戦後の１９５０年代後半以降、不燃化が進められ、高度成長にともない量的整備が進み、１９７３年のオイルショック以降は、経済の安定成長のもと、国の補助金行政とあいまって生涯学習施設などの教育・文化施設、障害者センターなどの福祉施設など、全国津々浦々の都市で機を一にして整備が進められた。

某中核市の市有施設の事例でみると、大規模修繕を必要と想定される20年以上を経過した施設は全体の約80％を占め、今後、施設の老朽化・陳腐化による修繕・改修の増加と建て替え時期が集中し、必要な経費が飛躍的に増大することが予想される。このことは全国の市町村についても

■ 人口１人あたり所有施設面積

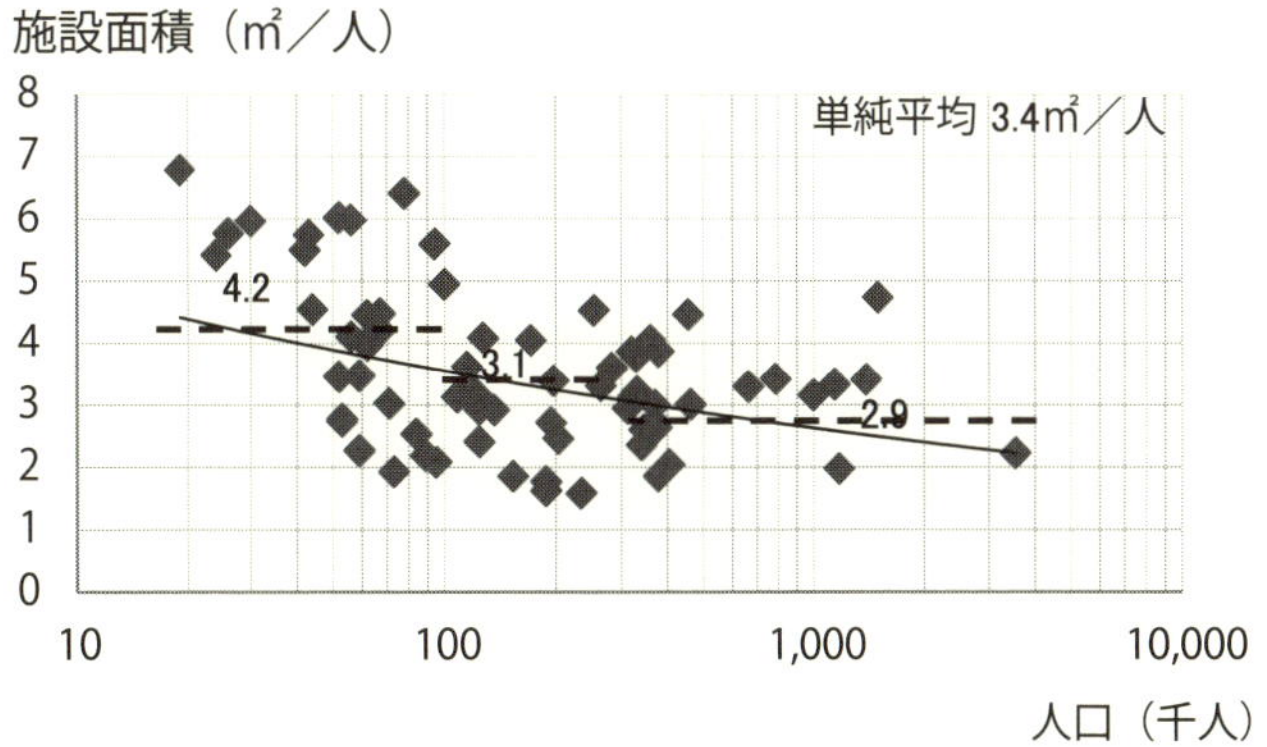

■ 人口密度と所有施設面積

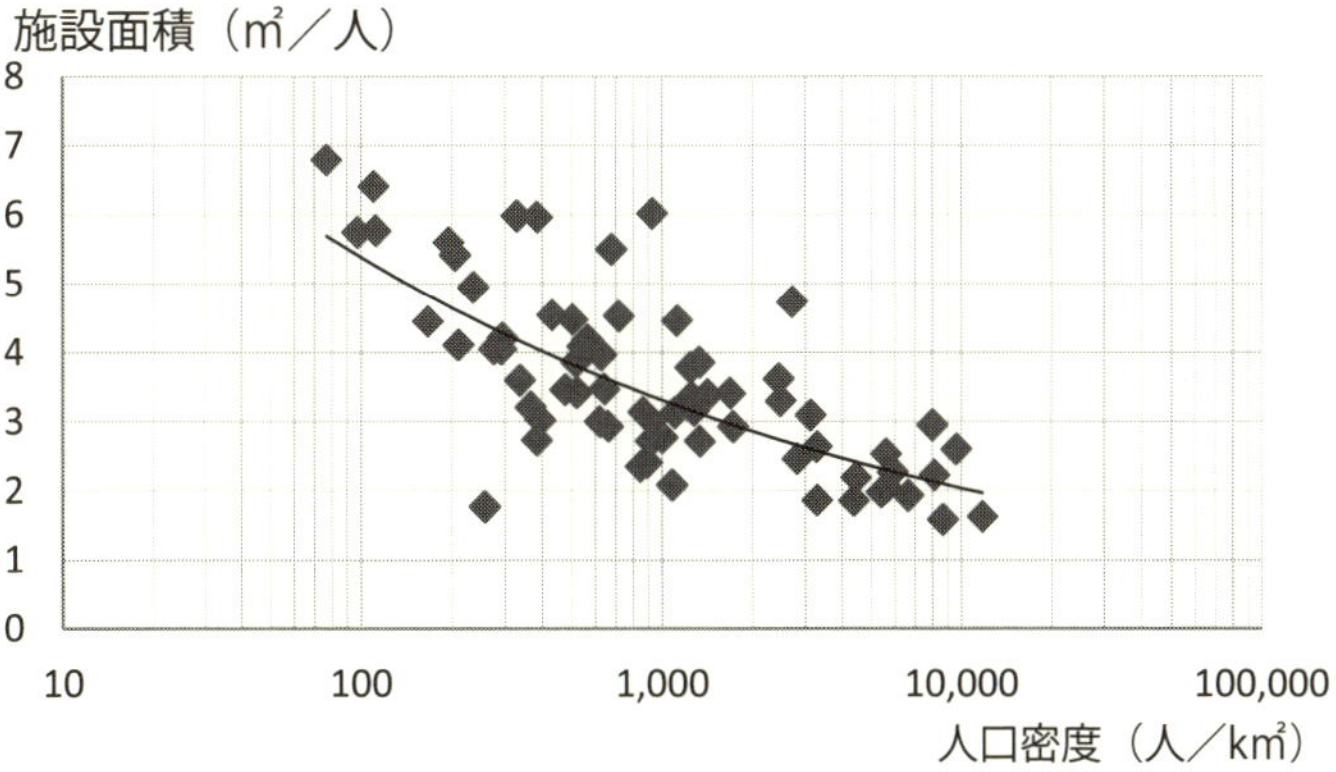

■ 人口１人あたり施設面積（種類別）

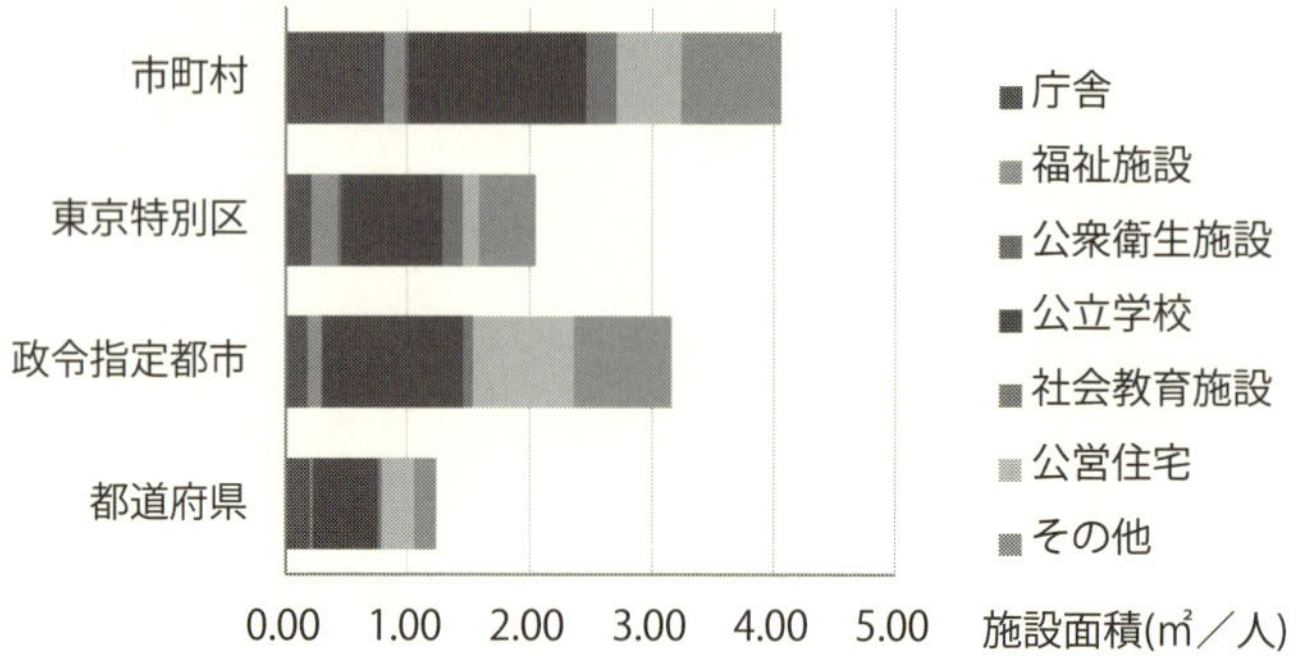

■ 市町村施設の種類別構成

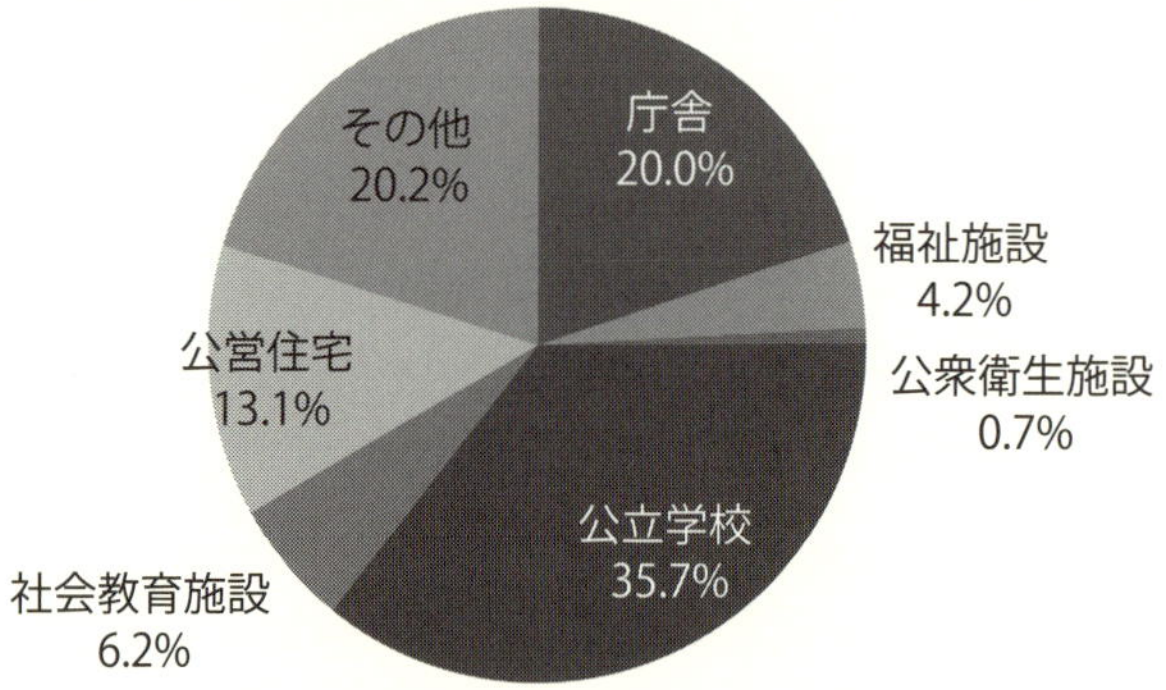

■ N市データより　建て替え・改修費の推計（億円）

（現在の施設の総量を維持すると仮定し、建設後 15 年ごとの大規模修繕、60 年で建て替えとして推計）

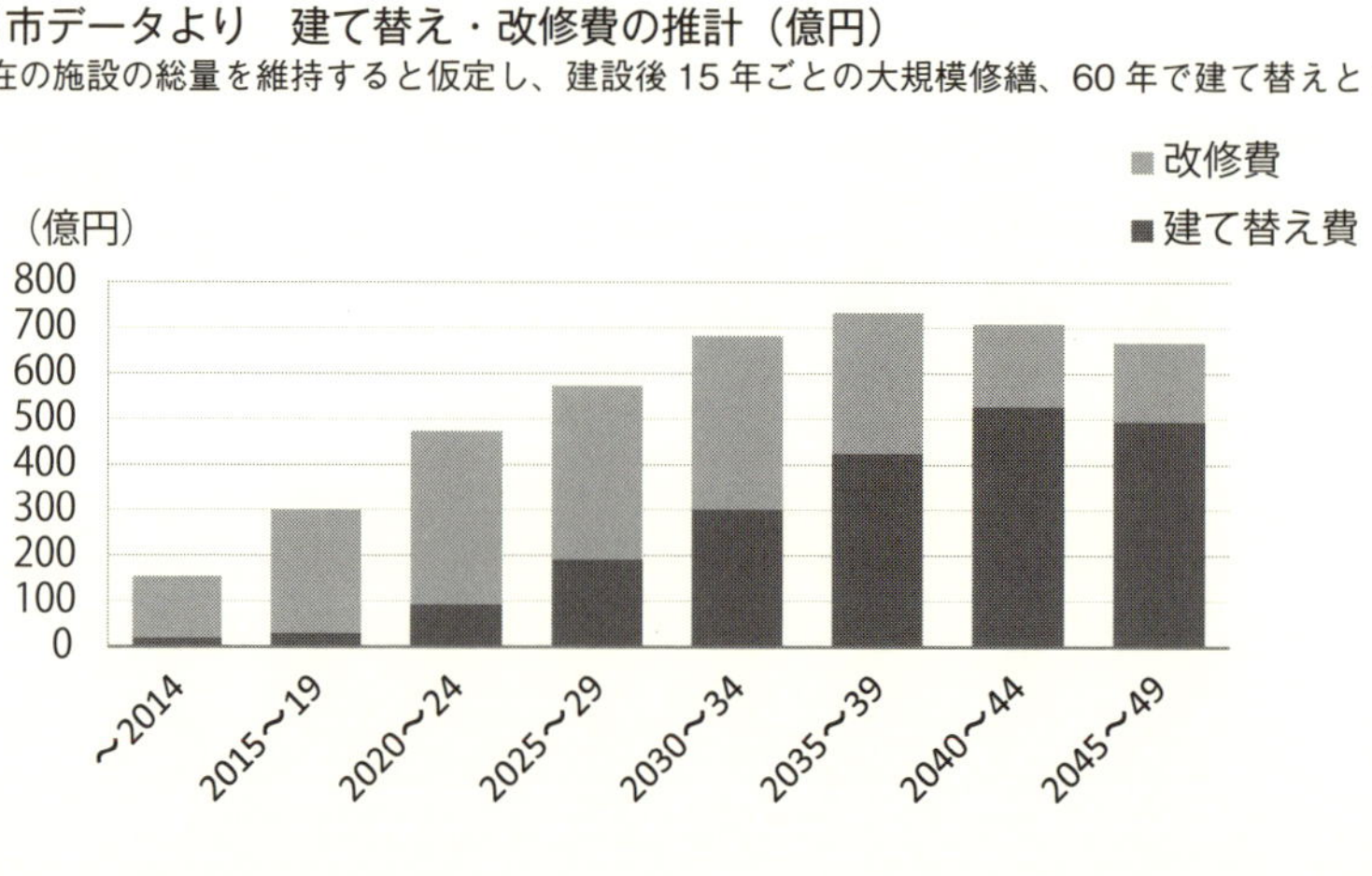

■ 公立学校廃校数の推移

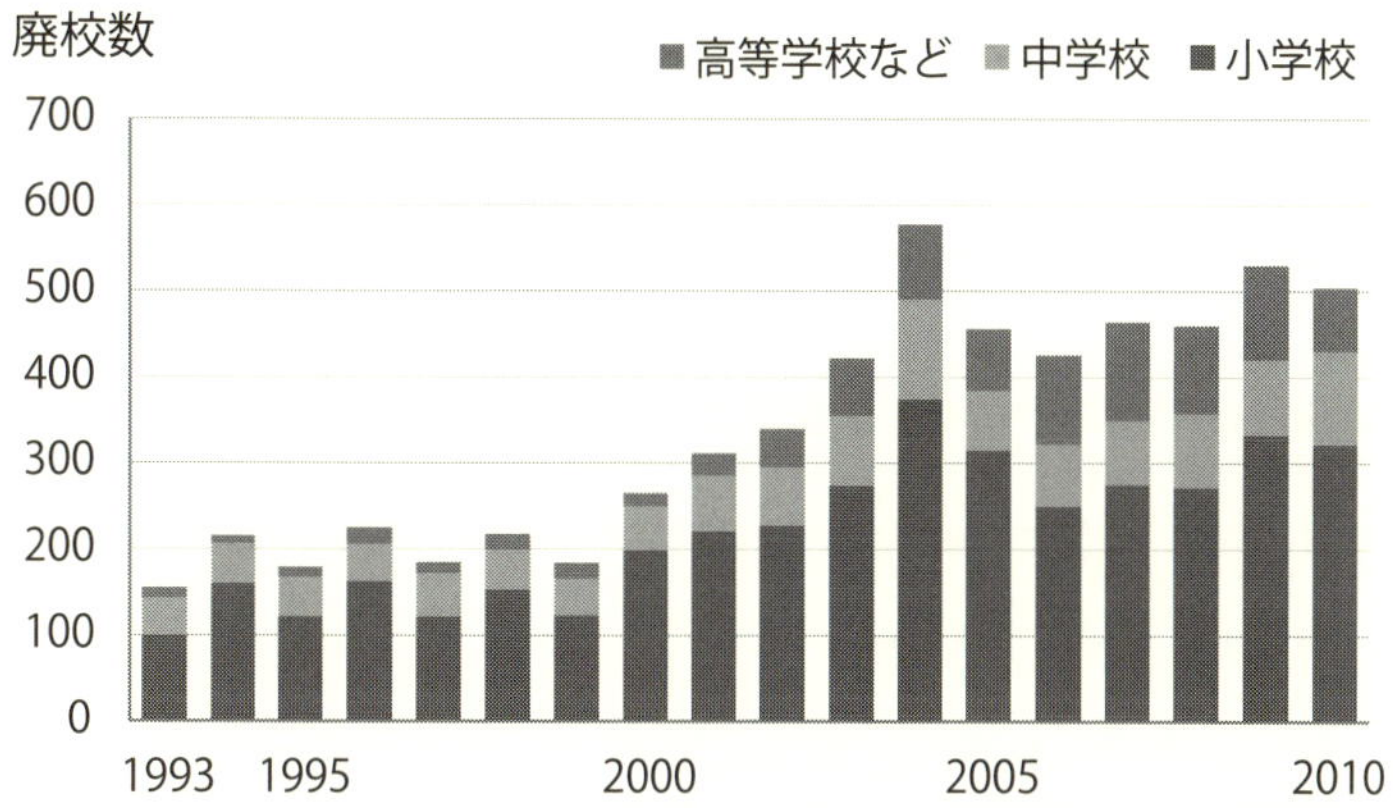

文部科学省「公立学校の施設整備」

同様の現象と考えられる。

　公立学校については、少子化による生徒数の減少により廃校が進んでいる。文部科学省のデータによると、この20年間で約６８００校、２０１１年度では４７４校が廃校になっている。なお、これらのうち約３０００校が、社会体育施設、社会教育施設、体験交流施設、文化施設、老人福祉施設、保育所などの児童福祉施設、さらには民間企業の工場やオフィスなどさまざまな用途に活用されているそうである。

　この大量にある公共建築は、都市の中で人口規模などによるヒエラルキーをもっている。庁舎では、市役所―支所―出張所、学校では、大学―高校―中学校―小学校というようになっており、大学は40万人以上の人口で成立するといわれ、小学校は全国で約２万校、おおむね６０００人に１校配置されていることとなる。また、他の公共建築においても同様である。

　これからのまちづくりでは、このような膨大な公共建築の立地・配置を活かし、その利活用状況や経年劣化・陳腐化などを勘案し、統廃合などにより必要な機能・施設を集積し、その地域に応じて、①都市単位　②小中学校単位　③幼稚園・保育園単位——などに拠点を形成しネットワーク化し、都市内における連携、さらには隣接都市との連携をはかり、有効活用することが求められる。

2
章

chapter 2

東日本大震災から学ぶ

震災被害を振り返る

２０１１年3月11日14時46分に三陸沖で発生した東北地方太平洋沖地震（東日本大震災）は、マグニチュード9・0を記録し、１９９５年兵庫県南部地震（阪神・淡路大震災）の約１４００倍のエネルギーをもつものであった。震源は宮城県沖から、さらにその沖合い、茨城県北部沖へと広がっていった。

プレートのすべりの大きさは約２００×５００キロメートル、すべり量は最大で23メートル、破壊に要した時間は約１５０秒であった。その結果、各地における揺れた時間は、いわき市小名浜の１９０秒、青森県五戸町の１８０秒と長く、宮城県北部の震度7をはじめ、東北・関東・中部の各地方にきわめて大きな揺れをもたらした。

その後の頻発する余震もあり、建物の倒壊や地すべり、インフラの被害などが広範囲に及んだ。さらに軟弱地盤地域では、かつてない規模の液状化により大きな被害が生じた。

これまで三陸地方は、明治・昭和三陸地震、チリ地震による津波など、津波災害との闘いの歴史をたどってきた。そして強大な防潮堤や防波堤をつくってきたが、東日本大震災では、津波はそれらを無残にも破壊し、海岸都市や漁村集落を跡形もなく流し去った。さらに、東日本大震災では、三陸のリアス式海岸だけではなく、平坦な海岸線を形成している仙台以南の地域や集落を

■ 東日本大震災の概要

東北地方太平洋沖地震

- ・発生時刻　2011年3月11日14時46分
- ・地震規模　マグニチュード9.0
- ・最大震度　宮城県栗原市　震度7
- ・震源　牡鹿半島の東南東約130㎞の三陸沖、深さ約24㎞
- ・震源域　すべり分布　大きさ：200㎞×500㎞
断層すべり量：最大で23m
破壊に要した時間：約150秒

被害状況

- ・死者・行方不明　約2万人
- ・全壊住戸　11万2000戸
- ・推定被害額　16兆9000億円（内閣府）

も襲った。

また、原発被害は未曾有《みぞう》の事態であり、原発は冷温停止が保たれているものの、危険な状態がいまなお続いている。一方、放射能汚染により、周辺地域の住民は避難を余儀なくされ、首都圏を含む広範囲な地域の安全を脅かす事態となっている。

社会災害としての側面

平成の大合併が行われ、１９９９年の３２２９市町村が２０１０年には１７７３市町村となった。基礎自治体の体力を上げることには寄与したといわれるが、旧町村地域では町村役場は支所となり、職員も約３分の１、さらには人事異動で地域になじみの薄い人がトップに就くという例も少なくなく、防災支援活動に大きな支障をきたした。

また、東日本大震災は、今後の日本が

抱える少子高齢化、人口減少（特に生産年齢人口）、過疎化、産業の空洞化などの課題をいきなり目の前へ突きつけた。東北地方では、震災以前からこれらは課題であった。

阪神・淡路大震災は、都市という人口過密地域で起き、都市インフラに甚大な直接的被害を出しながらも、生産減少や失業などの間接的被害の拡大は抑えられ、比較的早くインフラの回復、経済復興へとつながった。

その理由として、被災地に近接して大阪という大都市が存在し、住居は被害を受けても働く場所は残ったことと、被災が局所的であったことがあげられる。これに対し、東日本大震災は、地方で起き、生産地を直撃し、広域に被害を及ぼした点で対極をなしている。

被災地を訪ねて

２０１１年3月の東日本大震災から3カ月後の6月、仙台から宮古までの現地の被災状況を調査した。公共建築の活用による安全安心まちづくりの視点で調査結果を概観する。

仙台平野

仙台市から南、名取市（宮城県）、岩沼市（同）へと海岸から仙台平野が広がっている。国土地理院の浸水範囲概況図によると、図のように津波の浸水域は海岸から3～4キロメートル程度の幅で帯状に南北に広がっている。

被災地域では、鉄骨造と思われる比較的大きな建物は形をとどめていたが、木造の住宅地であったと思われる地域は、住宅の布《ぬの》基礎のみが残っている状況であった。

■ 仙台平野の浸水範囲概況図（国土地理院）

高台の碑（右）と盛り土された台地（左）

津波が届かなかったと思われる高台に立てられた碑が残っている。神社仏閣などと同様、過去の災害を教訓に建立されたのだろう。その隣りには余震による津波から浸水を避けるためか、同じ高さに盛り土された台地がつくられ、ブルドーザーなどの建設機械が置かれている。

・名取市役所

名取市の官庁街というべき地域は、国道4号線バイパス東側（海側）、仙台東部道路の西側に位置し、市役所、体育館、文化会館が集約して建てられている。津波に対しては海側の仙台東部道路が堤防の役割を果たし、越流してすぐ近くまで浸水したが、市役所地区までは届かなかった。

どの建物も構造体は無事で被災時には役立ったそうである。特に文化会館は、非常用電源があったため震災の日も照明がともっていたので、海岸のほうから避難者が集まり、指定避難所ではなかったが避難所となった。当初は１０００人ほどが寝泊まりし、６月初旬まで避難所として機能した。

文化会館は、照明がつき、避難スペースとなったホールやホワイエは冷暖房可能で、体育館に比べ居住性が高い。また、和室や講義室などの小部屋があり、老人や病人などの災害弱者に好まれたという。

■ 仙台東部道路の西側に市役所、体育館、文化会館が集約して建てられている

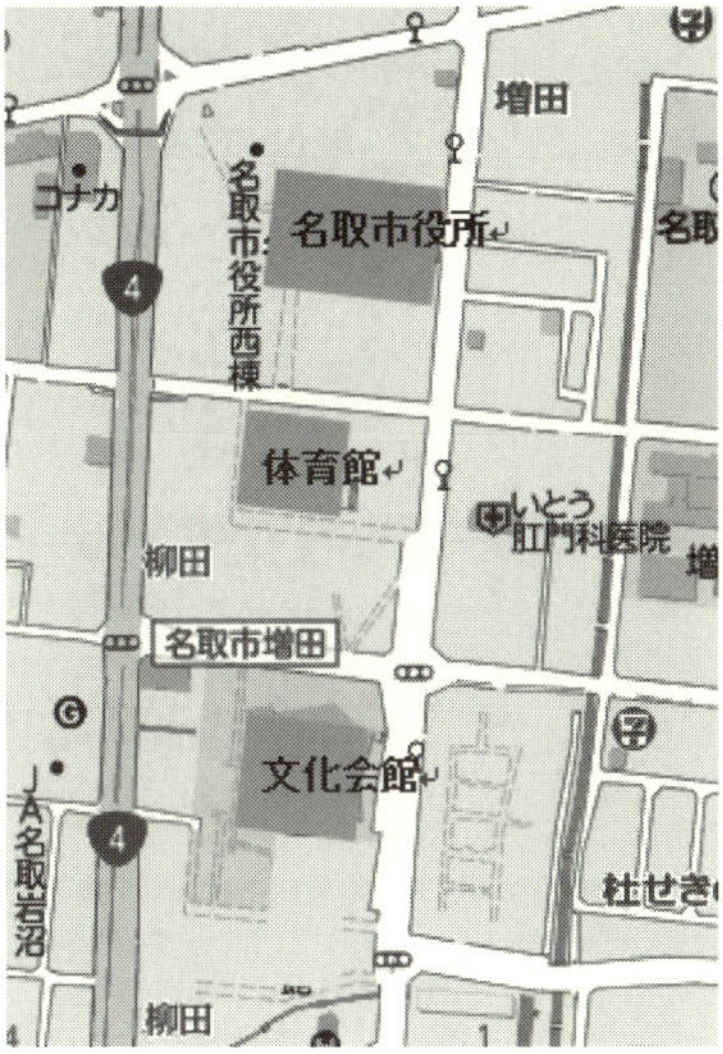

塩釜市

塩釜市（宮城県）では、津波浸水は２～３メートル程度と推定され、港・海岸周辺地区で木造住宅が流失するというような大きな被害は見受けられなかったが、一階部分の窓や外壁材がなくなり、かろうじて建っているものが数多く見受けられた。

・塩釜港湾合同庁舎

高台に立つ塩釜港湾合同庁舎は、足もとまで津波が押し寄せたが浸水をまぬかれた。地域全体が停電で夜は真っ暗となったが、自家発電設備が稼働し、少ないとはいえ明かりがついた。その

■ 塩釜市の浸水範囲概況図（国土地理院）

塩釜港湾合同庁舎の足もとまで津波が押し寄せた

■ 石巻市の浸水範囲概況図（国土地理院）

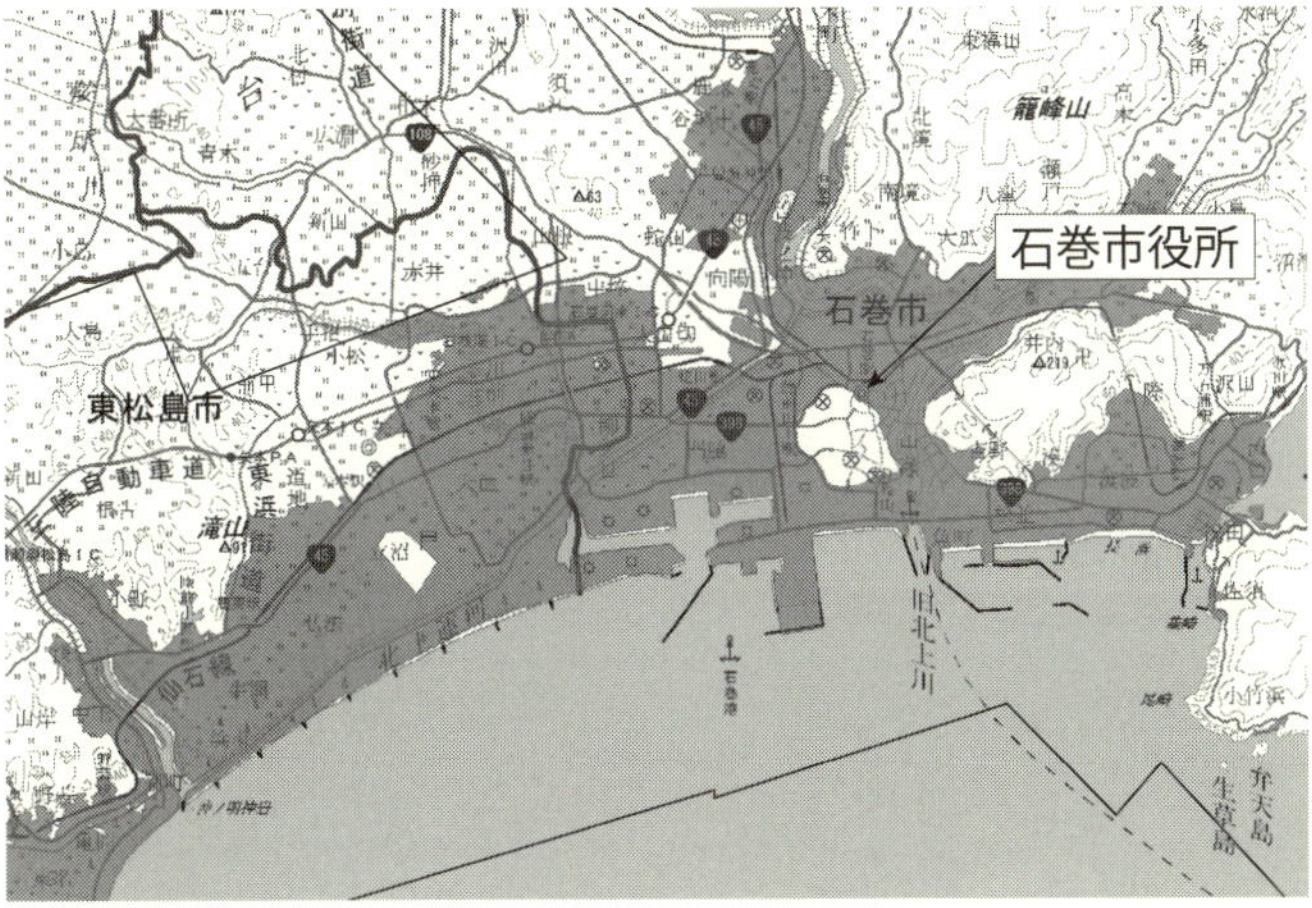

明かりを頼りに周辺の住民約５００人避難し、会議室、廊下やホールで過ごした。

　災害時の地域における公共建築としての役割を果たした好例といえる。

石巻市

　石巻市（宮城県）は旧北上川の河口付近に市の中心地域がある。津波の浸水は、高台になっている日和山地区を除くほぼ全域、東側の牡鹿半島では、海に面する部分は津波により浸水している。

　石巻市立病院は鉄筋コンクリート造５階建てであり、構造体は被害を受けていないが、２階部分まで浸水している。周辺の住宅などは大きな被害を受け、特に隅角《ぐうかく》部が破損しているものが多く見受けられた。

　神社仏閣は、通常古くからの被災などを教訓に、地盤のよい小高いところに建てられている。日和山の麓にある西光寺は、本堂の１階床上まで浸水したそうである。被害はないが、足もとには多く

石巻市立病院周辺の住宅などは大きな被害を受けた

西光寺の境内には多くのがれきが流れ着いた

門脇小学校は津波火災の被害を受けた

旧ハリストス正教会堂（右）と石ノ森萬画館（左）

のがれきが流れ着いている。

門脇小学校は、海岸から約７００メートルほどの場所にある。指定避難場所となっていたため、自動車などで避難してきた周辺住民が津波の直撃を受け、自動車が燃えたり、さらには、燃えた家屋が校舎にぶつかり校舎の一部が炎上した。校舎内に避難した住民の一部は、裏山の日和山に避難せざるを得なかった。

旧ハリストス正教会堂は１８８０年の建築で、現存する日本最古の木造教会建築である。市内千石町にあったが１９７８年の宮城県沖地震で被災し、北上川の中瀬に移築された。津波により２階部分まで冠水し、若干傾いているが倒壊はまぬかれた。

写真左手が石ノ森萬画館である。２００１年、中心市街地の活性化を意図し、漫画家石ノ森章太郎氏の作品展示と原画収納を目的として建設された。

設計者の話によると、１９６０年のチリ地震津波当時のこの地の浸水高６メートルを参考に、メインフロアを水面から８メートルに設定したそうである。東日本大震災の津波の濁流はピロティ状の柱の間をくぐり抜けていき、1階のホール、機械室部分は浸水したが、メインフロアに浸水することはなく、貴重な原画や展示物には被害がなかった。

地震のとき、館内にいた来客は館員の誘導で高台へ避難したそうだが、萬画館より下流にあった中瀬の建物は濁流に飲まれた。中瀬にいた人たちは萬画館に逃げ救助され、45名が5日間館内にとどまって救助を待ったそうだ。さいわい館内のレストランに水と食糧とろうそくがあり、命をつなぐことができたそうである。

ちょっとした配慮によってつくられた公共建築が、津波避難ビルとして機能し、防災・減災に役立ったという例である。

・石巻市役所

石巻市役所は、新しく開発される土地区画整理事業地区に市民会館と併設して整備する計画であったが、ＪＲ石巻駅前の中心市街地が空洞化など衰退していることと、２００７年、駅前の百貨店が閉鎖することとなり、経営者から「商業施設としての存続は難しいので、まちづくりに活用してほしい」との申し入れを受け、その建物を無償で譲り受けた。市は、売却や賃貸での建物活用が難しく、新しく庁舎を建てるよりは、建物の耐震化を行って利用するほうが経済的と判断した。

百貨店の建物を再利用した石巻市役所庁舎

石巻市役所庁舎内の開放スペース

１階は総合案内、証明書自動交付機や夜間休日受付とし、その他の大部分は地元スーパー、２階以上を市役所とし、２０１０年にオープンした。市役所としては規模的に余裕があり、中心市街地に位置することから、市民の利便性や市民活動を促進するための開放スペースを各階に設けている。

東日本大震災の大津波により、中心市街地の低地部はほぼ全域にわたって水没した。市役所周辺も同様で、庁舎の１階部分は約50センチほど浸水している。

調査に訪問した２０１１年６月27日には復旧され、通常の庁舎の稼働状況であった。２階以上の開放スペースは、罹災《りさい》証明の発行や相談・支援活動など災害関連に活用されていた。これらのスペースは、日常的には余剰的、多様性をもって、そのつどの行政需要への対応スペースとされていたと想定されるが、災害時に有効に活用されたといえる。

このことは、市役所など公共建築においては、災害に対して安全で行政機能を絶え間なく発揮することはもとより、被災により打ちのめされた市民に安心や信頼を与える包容力のある空間の実用性を示すものである。

・石巻港湾合同庁舎

石巻港湾合同庁舎は、石巻港に面した地にあり、海上保安署など国の海事関係官署が入居している。

東日本大震災では、３～４メートルの津波に襲われたと思われ、上部構造体は形をとどめているが、基礎部分が現れ、海水が浸水している。

石巻港湾合同庁舎は津波を受けて
基礎部分が現れ、浸水した

海上保安署の業務の性格から、昼夜を問わず、海上警備や海難事故対応などに携わることを考えると、想定される地震・津波などの自然災害に対しては絶対に安全なものとする必要がある。

港湾地区には、通常、国以外に地方自治体などの海に関係する機関、さらには民間の関連建物などが建てられている。これらを合築して、高層の重量感のある建物とすべきであろう。津波避難ビルとしての機能も期待される。

女川町

女川町（宮城県）の港周辺では、津波の威力はものすごく、複数の建物が転倒し、残っているものをみると3階の窓がなくなっている。約十

■ 女川町の浸水範囲概況図（国土地理院）

津波により転倒した建物

柱のせん断破壊

かろうじて津波に耐えた建物

数メートルの津波が襲ったであろう。

市街地の中の木造住宅はすべて流失し、残っているのは基礎部分のみであった。鉄筋コンクリート造や鉄骨造の建物でもかろうじて津波に耐えたと思われるものが多く、転倒しているものも数棟あった。

かろうじて建っている鉄筋コンクリート造の建物の1つをみると、地震で柱がせん断破壊をしていた。１９７１年以前の建物であろうか、帯筋の間隔が粗い。

日本建築学会の調査報告によると、転倒した建物の中で、鉄筋コンクリート造４階建てで、元の位置から約70メートル流されたものもあり、また、杭が引き抜かれている被害が起きていることから考えると、地震時に地盤の液状化が発生していた可能性も考えられるとしている。

■ 気仙沼の浸水範囲概況図（国土地理院）

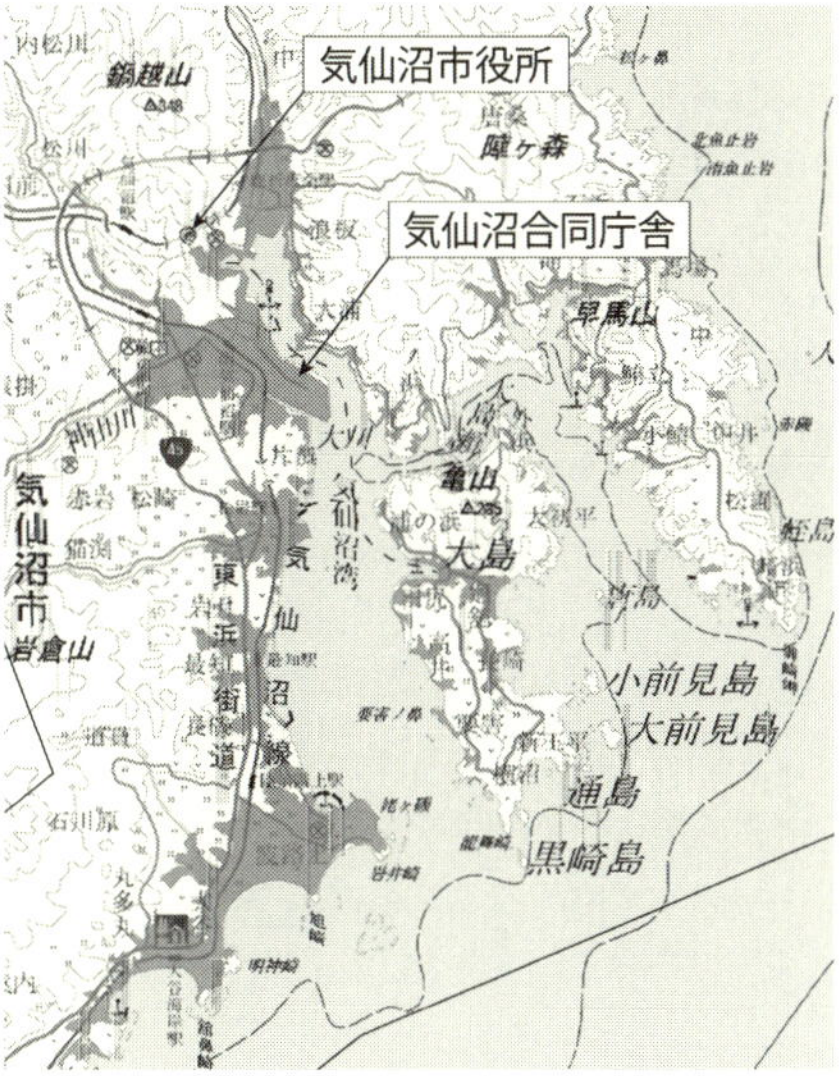

気仙沼市

気仙沼市（宮城県）の市街地は、気仙沼湾の西側の低地部分に広がり、その低地部分のほとんどが津波の被害を受けている。さらには、流出した石油に引火して広域火災が生じ、大きな被害を受けている。特に最奥部に流れ込む鹿折川周辺の市街地と気仙沼港と大川に挟まれた地区は壊滅状態で、鉄筋コンクリート造などの丈夫な建物のみが残っているような状態であった。

・気仙沼市役所、気仙沼合同庁舎

気仙沼市役所は気仙沼港の西側の若干小高いところにあり、周辺まで津波が遡上してきているが、特に被害はなかったようである。

一方、気仙沼合同庁舎は、気仙沼湾と大川に挟まれた半島的な地区の先端部に位置している。この地区は津波をまともに受けて壊滅状態であるが、港湾の地形によるのか、鉄筋コンクリート造の合同庁舎は、並列している漁港関係施設2棟とともに形をとどめている。

国土交通省の報告によると、合同庁舎は2階まで浸水したとされている。聞くところによると、この庁舎の4階には法務局が入居しており、戸籍や登記情報は保持されたことから、管轄区域内にあり、津波で庁舎が全面被害を受けた町村（南三陸町など）への情報提供に役立ったということである。

釜石市

釜石市（岩手県）は典型的なリアス式海岸に位置し、標高が低くなるに従って津波による被害は大きくなっている。津波の浸水高さは海岸付近では3階くらいまで達しており、海岸に大型船が打ち上げられている。

標高の低い地域の木造建築物はほとんど流失しているが、鉄骨造は外壁がはがれ、鉄筋コンクリート造は骨組みだけが残っている。

■ 釜石市の浸水範囲概況図（国土地理院）

津波の被害を
受けた釜石市街

釜石の海岸には大型船が打ち上げられた

山の中腹に津波避難場所への通路がみえる（上）
津波避難ビルに指定されたマンション（下）

津波の被害をまぬかれた釜石市役所

津波の被害を受けた釜石港湾合同庁舎

海岸線から北は山になっており、海抜18メートルの地点が津波避難場所になっている。54ページ上の写真の正面の中腹が避難場所への斜面である。この手前の海岸の近くのマンションは津波避難ビルに指定されている。

・釜石市役所、釜石港湾合同庁舎

釜石市役所は、山側に近い小高いところにあり、津波の被害はまぬかれたが、地震で若干被害が出たため、地震後はその機能を被害が少なかった釜石駅前の建物に移し、災害対策本部を立ち上げた。調査の日には庁舎で通常の業務が行われていた。この近くにある裁判所など国の施設も高台にあったため被害はなった。

釜石港湾合同庁舎は港湾地区に立地し、海に面していることもあり、津波の被害を受け、2階の窓はほとんど破損し、コンパネなどで応急処置がなされている。

大槌町

大槌町（岩手県）は大槌川を挟んで中心地区と住宅地区によって形成されている。両地区とも津波で全滅に近い状況である。鉄筋コンクリート造の建物がところどころ骨組みだけ残っている。木造住宅などはすべて流失している。

・大槌町役場

大槌町役場は、建物全体が津波をかぶったように、骨組みだけが残っている状況である。

このような地域での公共建築は、可能な限り単独庁舎とせず、ほかの公共建築や民間建築物などと一体的に整備し、地震・津波に耐えられるものとすることが必要である。

■ 大槌町の浸水範囲概況図（国土地理院）

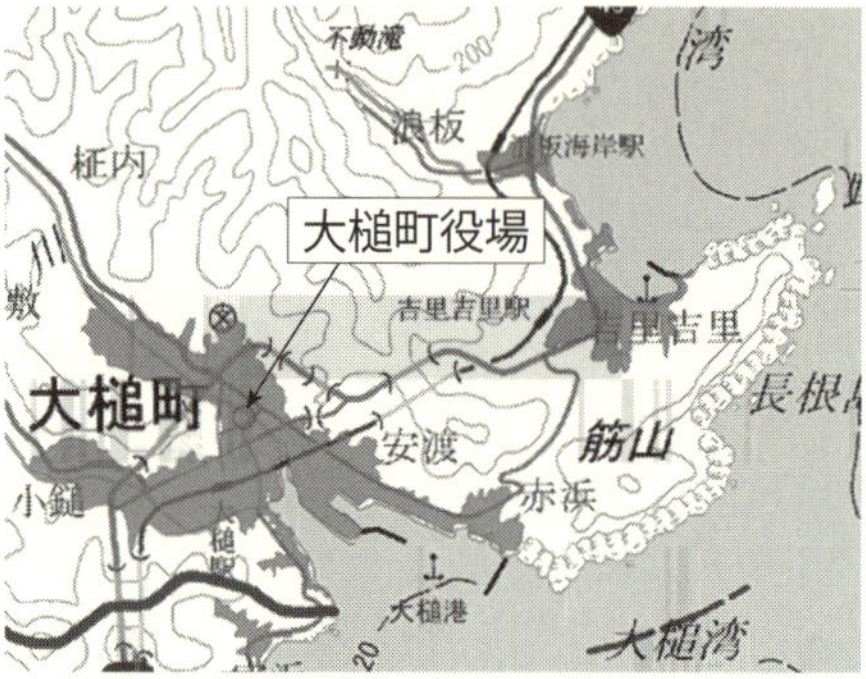

津波の被害を受けた大槌町役場

■ 宮古市の浸水範囲概況図（国土地理院）

宮古市

宮古市（岩手県）の中心地区の津波の被害はさほど大きくない。

海岸近くにある宮古市役所やその周辺の木造住宅などの被害状況からみても、浸水は約２メートル程度と思われ、三陸地方のほかの都市に比べ被害は小さく、調査時点（２０１１年６月）では営業している店などもかなり見受けられた。

都市づくり、まちづくり、構造物

東日本大震災で明確になったことは「危険なところには住まない」「備えあれば憂いなし」である。さらには、ハードに頼るだけではだめで、ソフトと組み合わせていかにして被害を最小化（減災）するかということである。

その例として『文芸春秋』（２０１１年9月特別号）の「津波に耐えた死者ゼロのまち」で掲載された岩手県の普代村と洋野町の事例の概略を紹介する。

普代村は明治三陸地震（１８９６年）で３０２人、昭和三陸地震（１９３３年）で１３７人の犠牲者を出した。その経験をもとに「2度あったことは3度あってはならない」との視点で対策を講じた。

津波は川沿いを駆け上がる。海岸から1キロメートル離れた村の中心部を流れる普代川に、海抜15・5メートルの堤防をつくった。高さは明治三陸地震の遡上高さ15・2メートルを参考にした。右岸と左岸では堤防の高さが異なり、海側が1・5メートル低い。山側の住宅を守り、海側の田んぼに津波を流し込むためである。

その後、「浸水させるエリア」にも住宅が建てられてきた。そこで、海岸から３００メートルの地点に海抜15・5メートルの水門をつくった。今回の津波は21・5メートル、６メートル越え

■ 普代村の浸水範囲概況図（国土地理院）

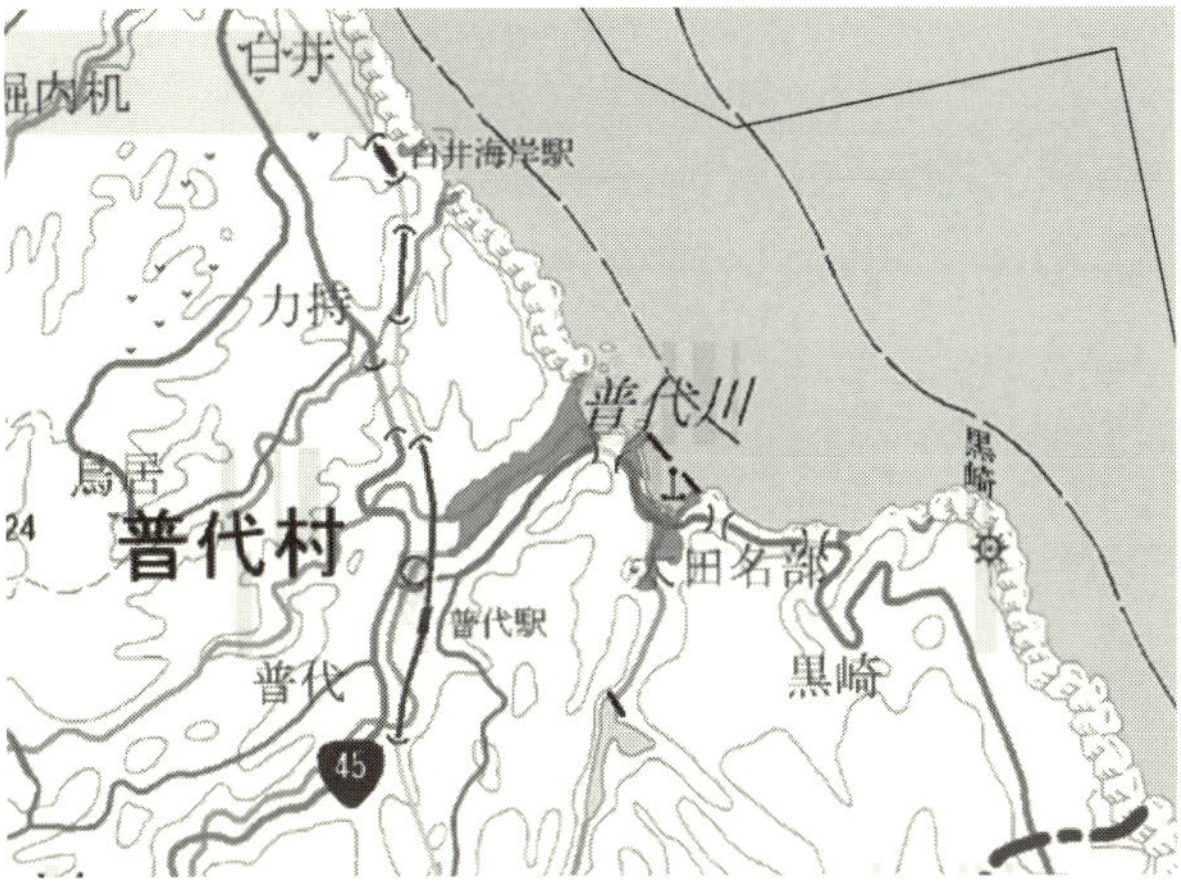

たが水門で減衰し、越流は住宅まで届かなかった。

　洋野町も同様、明治三陸地震で住民の半数にあたる１２６人、昭和三陸地震で79人と、過去の地震の津波で大被害を受けている。私有地の点在で用地交渉が難航したことと、砂浜の景観を守るということで防潮堤ができなかった。そのため漁協や加工会社を残して住宅の多くは高台移転した。

　そして「地震が来たら即、逃げる集落」を合い言葉に、いたるところに海抜を記した看板を立て、地震が来たら消防署員、消防団員が防潮堤の門を閉め、血相を変えて真っ先に逃げるとしている。それを目の当たりにした住民がやばいと感じ、近所の人と手を取り合って逃げる。

　日頃からどう手助けするか防災訓練で話し合われていた。今回の津波でも皆逃げて犠牲者はゼロ、避難した人は「津波が来るまでずいぶん待ちました」という。

津波を弱めた仙台東部道路

仙台東部道路は、南は常磐道、北は三陸縦貫道と結ぶ高速道路で、仙台空港や仙台港などの拠点を結んでいる。道路は海岸から約３キロメートル付近を南北に走る高さ約８メートルの高架道路となっている。

東日本大震災の津波に対しては図のとおり、津波をさえぎっている。また、越流したところにおいても力を弱め、復旧・復興も進んでいる。

写真は『朝日新聞』に掲載された、震災から１年半後の仙台東部道路周辺の様子である。道路の東側と西側は対照的な光景である。西側は被害が少なかったため、除塩作業が済んで米作が再開された。一方、津波の直撃を受けた東側の農地は地肌をさらしたままである。

海岸沿いにスーパー堤防を築造し、道路や鉄道の路盤に活用する。さらに、それらを多重に設けることが津波に対してはより有効と思われる。

関東大震災の瓦礫《がれき》を使って横浜港の山下公園がつくられたという。大量の瓦礫の処理が大きな課題となっているが、この瓦礫を活用してスーパー堤防をつくり、強靭《きょうじん》なまちづくりを進める。

なお、その際に必要なことは、関東大震災の瓦礫は、文字どおり瓦《かわら》や石ころ、しかし東日本大震災の瓦礫は瓦、コンクリート、木材、ガラスのほか、アスベストなどの新建材も、さらに自動車、家電製品など種々雑多で、有害物質を多く含んでいる可能性もある。このことに留意することも必要である。

■ 仙台東部道路の浸水範囲概況図（国土地理院）

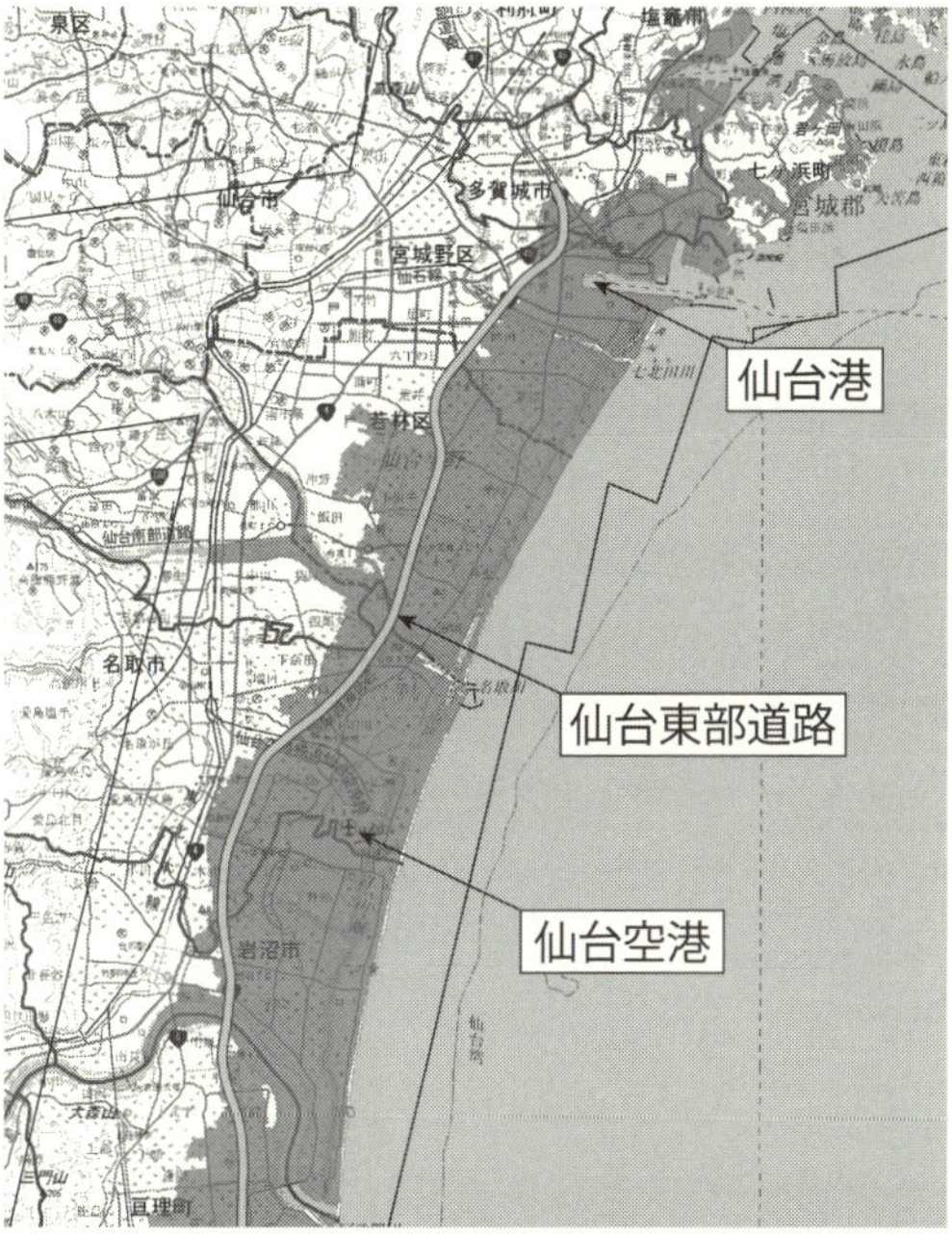

仙台東部道路を境に西（左）側は稲が実っている（『朝日新聞』より）

■ 遠野市を拠点に、沿岸の被災地と内陸の大都市を結ぶ

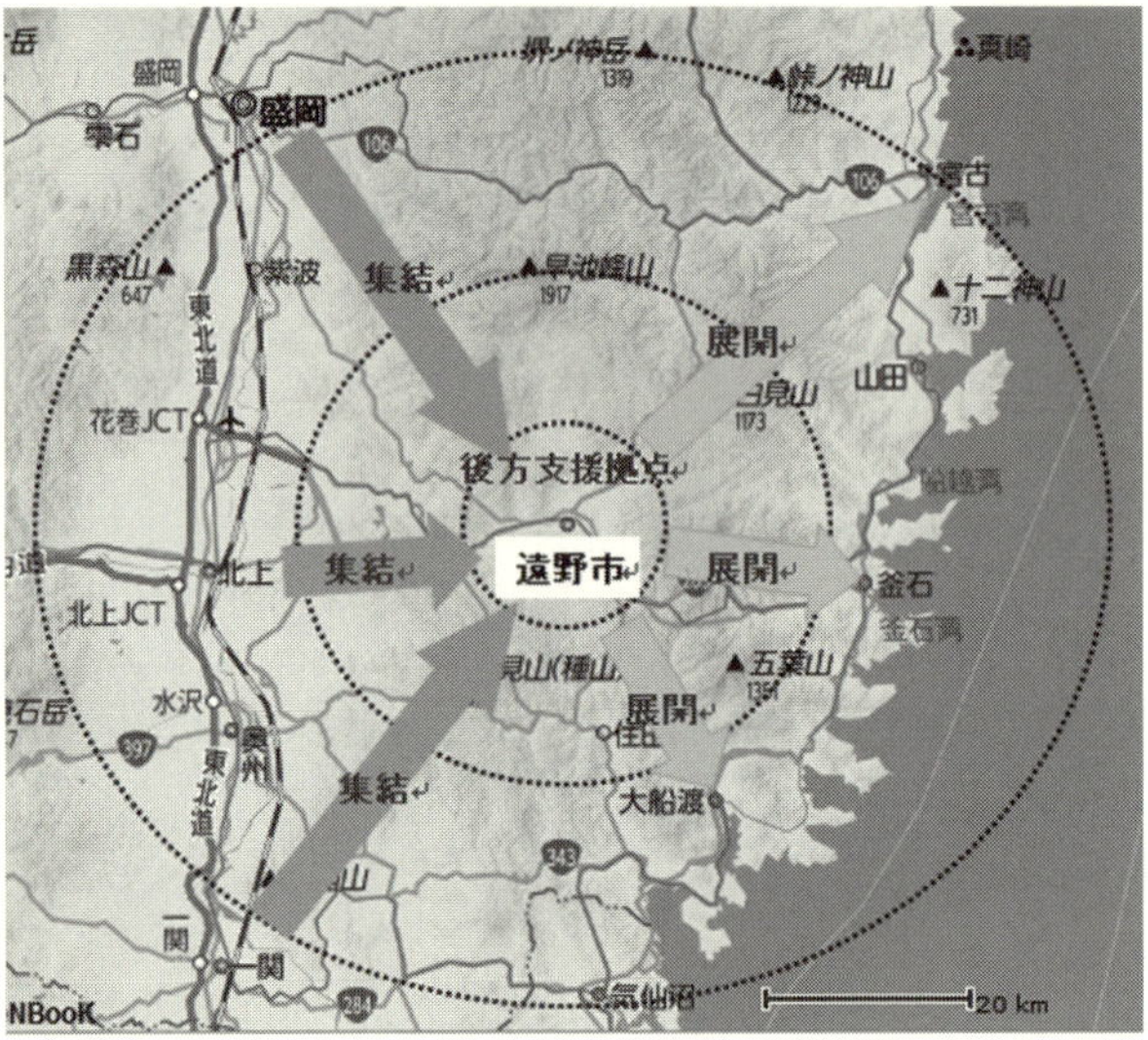

都市ネットワーク

遠野市（岩手県）は盛岡から三陸沿岸まで100キロメートルのほぼ真ん中に位置している。本田遠野市長は「遠野にコンパスを置いて円を描けば盛岡から内陸の大きな都市と沿岸部のほとんどが入る。ヘリコプターなら15分の距離。しかも花崗岩の安定した活断層のない地盤に載っていて火山帯でもない。万一、三陸大津波が発生したときに、「津波は来ないから関係ないではない。遠野の果たすべき役割がある」という発想をもった。

釜石につながる国道沿いに総合運動公園があり、グラウンドはそのままヘリポートになる。駐車場は自衛隊の部隊など救援者の野営地になる。

そのためには、ここに消防署を整備し、多目的利用施設として、平常時にはスポーツやお年寄りの健康維持のための体

育施設、非常時には情報収集、物資の仕分け場所、あるいは避難所など後方支援の場所として機能するような体育館を整備しようと計画した。消防署は完成していたが、多目的施設は計画中のところ東日本大震災が起きた。

この構想をまとめ、２００７年には陸前高田から宮古までの首長に働きかけ、協議会を立ち上げ、遠野市で「遠野も被災したけれども、沿岸部に津波が来ている」というシミュレーションで岩手県総合防災訓練が行われた。

２００８年には陸上自衛隊東北方面の総監も賛同し、1億円の訓練費を捻出《ねんしゅつ》して大規模な訓練を実施した。これには市民や自主防災組織、婦人消防協力隊なども参加したそうである。

東日本大震災によって道路は地割れし、遠野市役所は大被害を受けた。そんな中で訓練にもとづき関係者が活動した。大槌からの被災情報、そして救援要請もあり「全国の力を遠野に」という合い言葉のもと、後方支援活動が始まった。

市民による炊き出し、高校生による物資の仕分けなど市民一丸となって取り組み、その中で自衛隊、医療隊、警察隊、消防隊などが続々と到着し、運動公園だけでも４０００名近い部隊が集結し、被災地へ入っていった。

被災現場は混乱し、大部隊がいっても車を止めるところもなく、ヘリコプターが離発着できる場所もない中で、40キロメートル離れた遠野では冷静に状況を分析したことによって、タイミングよくピンポイントで救助に入ることができたそうである。海岸部と内陸部の日頃の都市ネットワークが功を奏した事例である。

東日本大震災は、青森、岩手、宮城、福島、茨城、千葉といった５００～６００キロメートルに及ぶ広い太平洋沿岸を襲ったが、阪神・淡路大震災では神戸が大きな被害を受け、陸上通行が困難になり、海路による支援がなされた（94ページに詳述）。

常日頃から、海岸部都市と内陸部都市、さらには港湾都市どうしの防災支援ネットワークを構築することが必要とされる。

公共建築の被災状況と課題

行政施設（庁舎など）

東日本大震災では、市町村の災害対応の拠点となる庁舎の多くが地震や津波で被災した。特に、津波では、主なものだけでも岩手県では宮古、釜石、陸前高田の３市、山田、大槌、住田の３町と野田村、宮城県では気仙沼、石巻の２市と南三陸、女川の２町など11市町村の庁舎が大きな被害を受けた。職員も、大槌町の町長以下三十数人をはじめ、他の市町村でも多くの職員が死亡あるいは行方不明になった。さらには、消防や警察の施設も大きな被害を受けた。

そのほか地震そのものの被害で、災害対応の拠点となる庁舎、要員がその役割を果たすことができない事態となった。

２０１３年の会計検査院の調査報告によると、庁舎の耐震化の状況は66ページの表のとおり、建築物全体で構造体の耐震化率は70・４％となっており、施設別にみると、庁舎施設が61・２％、警察施設が80・４％、消防施設が75・３％となっている。

庁舎施設の耐震化が、警察、消防の施設に比べると耐震化が遅れていることと、さらには、防災諸活動を展開する場としての各施設において、非構造部材や建築設備の耐震化率が低いことも課題といえる。

■ 庁舎などの耐震化率（2013 年、会計検査院）

	棟数	構造体（%）	非構造部材（%）	建築設備（%）
庁舎施設	2,855	61.2	46.3	45.3
警察施設	1,502	80.4	56.5	56.3
消防施設	4,136	75.3	61.2	57.4
計	9,493	70.4	54.4	52.3

災害応急対策の拠点となる庁舎、警察署、消防署などは、安全な地域に立地し、構造体はもとより、非構造部材や建築設備を含めて耐震性能の割り増しをした総合的な耐震性を確保するとともに、自家発電設備（最低でも3日間、72時間程度運転可能）、耐震性貯水槽などを保持するとともに、防災活動に必要な資機材を備蓄することが必要である。

学校

公立学校のほとんどが市町村の地域防災計画では指定避難所となっている。しかしながら、東日本大震災でその機能を果たせなかったものが少なくない。文部科学省の報告によると、公立学校では６２８４校が物的被害を受け、このうち１９６校が建て替えまたは大規模な復旧工事が必要とされる中、最大で６２２校が避難所となったそうである。

学校施設では、立地、耐震性能、防災機能、避難所機能、復旧のあり方などいくつもの課題が顕在化してきている。

・教育と避難所の同居

体育館が避難所となり、学校再開時にも避難者が生活している事例が出ている。校舎で学級教室を確保したうえで、特別教室が物資置き場、調理室、ボランティア室など避難所関連の機能に充《あ》てられる。このため、特殊な授業や部活動などは他の公共施設で行っている事例がみられる。

施設に余裕をもたせ、さらには、教育と避難所の分離が可能な施設とすることが望ましい。

・学校の復興

学校は教育の場とあわせ、地域のシンボル的な拠点施設である。津波で被害を受けた学校を、周辺地域が復旧するか、あるいは移転するか、混乱する中で決めるのは困難である。避難所、仮設住宅、親類宅など居住地が分散する状態が続いている中で、学校の存続の判断が地域の存続と結びつく。学校が地域の核であることが重要となっている。

文部科学省では「学校施設は子供たちの活動の場であるとともに、非常災害時には地域住民の応急避難場所としての役割を果たすことから、その安全性の確保はきわめて重要である」との視点で、構造体や非構造部材の耐震対策、さらには、備蓄倉庫の設置、避難経路の確保、マンホールトイレの設置や小自家発電機の設置などの総合的な防災機能強化に対して助成している。

医療施設

厚生労働省の報告によると、岩手、宮城、福島3県の３８０病院のうち24病院が全壊、２９０病院が一部損壊となっており、地震による建物の大きな構造被害は比較的少なかったが、非構造部材の落下、高架水槽の破損、エレベーターの停止やボイラー用の煙突の損傷などにより、医療

■ 東日本大震災における東北３県の医療施設被災状況

県	病院数	無事の病院	一部損壊	全壊	入院が不可か制限した病院			全壊した公立病院の状況
					被災直後	2011.5	2012.5	
岩手県	94	32	59	3	59	6	4	県立病院仮診療所 （山田、大槌、高田）
宮城県	147	5	123	19	45	12	6	志津川 石巻：2011.4 仮診療所 雄勝：休止中
福島県	139	29	108	2	87	34	17	南相馬市立小高：99 床 県立大野：150 床

の継続に大きな支障が出たものが少なくない。

多くの病院で発災と同時に停電、断水が生じた。自家発電機、非常用電源は作動したものの、燃料の不足により、電気の使用は制限を余儀なくされ、関係機関との連絡・連携がとれず、食糧や医療ガスなどの供給もできなかったことも医療行為の継続に大きな支障となった。

また、交通機関の寸断による医療スタッフの帰宅困難、近隣住民の病院への避難なども生じたが、災害時に病院は避難施設になることは想定されておらず、多くの病院の備蓄は患者用のみということも課題としてあげられている。

・石巻赤十字病院

宮城県石巻市は人口約16万人。東日本大震災では同市内だけで３２８０人もの死者を出した。石巻赤十字病院は内陸部に位置しており、市立病院などほかの病院が津波で壊滅的な被害を受ける中で、唯一機能した同病院が石巻エリア22

万人の災害医療の中心となった。自衛隊の救助ヘリが同病院に1日最大で63機着陸した。救急患者は震災後の1週間で３９３８人。他院の患者も含め地域内のすべての透析患者も受け入れた。1日の分娩数は平常時の5倍に跳ね上がった。

同院は「災害拠点病院」に指定されており、免震構造の建物で、非常用発電機と3日分の非常用燃料、半日分の上水備蓄などで備えていた。通常、ヘリポートは屋上にあることが多いが、同院では1階の救急救命センターの隣に設置していた。震災でエレベーターがしばらく動かない中で、このことが役に立ったそうである。

また、災害発生時には被災者が多く押し寄せることを想定し、ロビーを診療スペースに充てるため広くとられていた。

さらに、高速道路のインターチェンジのすぐ近くに位置し、全国から支援車両や物資を受け入れやすかった。

ソフト面でも日頃から準備され、２００７年に改定した災害対策マニュアルには担当者の実名を入れ、毎週のように細かい訓練をしていた。医師や看護師はもちろん、事務職員なども含めた全スタッフが対象となっている。地震発生の院内放送とほぼ同時に、各人がマニュアルに沿って動きだした。地震発生からわずか4分後に災害対策本部が立ち上がったそうである。

社会福祉施設

東日本大震災の死者・行方不明者は約2万人、そのうち65歳以上の高齢者が半数以上を占めている。また、厚生労働省の報告によると、岩手、宮城、福島3県の社会福祉施設など７２００余のうち８７５施設（12%）が被災、全壊は60施設に及び、死者・行方不明は６００人を超えている。日常的に介護などを必要とする高齢者が避難できずに犠牲になったケースがかなり存在すると想定される。

高齢化の進展とあいまって、全国的に老人ホームなど高齢者施設が数多く整備されてきている。しかしながら、まちなかの施設は比較的少なく、人里離れたところにぽつんと建てられた施設を見かけることが多い。これらの施設は、安い土地を選ぶためか、人目につきにくい場所を選ぶためか、辺ぴな地域に多いように思う。これまでも、山崩れなどで被害に遭い、救援が遅れることもあり、被害を増大させているケースも見受けられる。

これら福祉施設を建てる際は、高齢者や障害者などの安全を第一に考え、さらには、日常的に生活しやすいまちなかに計画することが求められる。

文化施設

文化施設の被害は、全国公立文化施設協会の調査によると、東北、関東を中心に16都県に及び、報告された４０２施設のうち１９７施設に何らかの被害があった。そのうち、修復に相当な期間を要し、開館の見通しの立たない甚大な被害があった施設が31、復旧に相当な期間を要する深刻な被害があった施設が41あった。特に岩手、宮城、福島の３県の被害が66施設と大きく、津波が襲った沿岸地域では、陸前高田文化会館、宮古市民会館、釜石市民会館、石巻文化センターなどが壊滅的な被害を受けた。

被災施設の主な被害は、ホール天井の落下・破損、舞台設備の破損、壁やガラスの破損、給排水管などの破損となっている。

首都圏でも、東京都千代田区の九段会館では天井が落下し、２人の死者と数十人の重軽傷者を出し、神奈川県川崎市のミューザ川崎でも大規模に天井仕上げ材が崩落した。

この震災では、文化施設は帰宅困難者や周辺住民の避難所として1週間程度使用されたものから3カ月近く運用された施設も多い。このことは、文化施設が建物の頑丈さ、空間の豊かさや遮音・防音・断熱など居住性の観点から、学校の体育館よりも避難機能が優れていたことによる（名取市文化会館、リアスホール（大船渡市）、ビッグパレットふくしま、いわき芸術文化交流館アリオスなど）。

一方、本来の施設としての再開をどうするかが課題となっていることも指摘されている。

交通施設

茨城空港ターミナルビルでは、開港1周年の当日に記念行事を取材するテレビカメラの目前で、出発ロビーの天井パネルが落下した。また、ＪＲでは仙台駅をはじめ5駅で天井落下の被害が出た。

東日本大震災において問題となったことはＪＲ駅の退去指示であった。地震当日、首都圏の交通機関は麻痺《まひ》し、多数の帰宅困難者が出る中で、公共施設や民間の商業施設が彼らを受け入れたが、ＪＲ東日本は、乗客が駅の構内に集中すると危険だとして、新宿駅や立川駅などでシャッターを閉める対応をとり、結果として人々が寒風の中へ追い出されるかたちとなった。

災害時、駅は都市内における重要な避難場所であり、人々に情報を発信する拠点でもある。構造体や非構造部材の耐震安全性を高め、ホールやコンコースは1次避難場所とするとともに、

ＳｕｉｃａなどＩＣカードの普及により空いた切符売り場などを防災用備蓄倉庫に活用することも一考を要する。

なお、東京都が改善を求めたことにより、ＪＲ東日本は、帰宅困難者への対応を検討し、東京駅など首都圏の主な30の駅に、５００ミリリットルのペットボトルの水２万本と、毛布２万枚および救急用品数千人分を備蓄し、災害の際、駅にとどまった乗客に配布するということである。あわせて、多くの帰宅困難者が集中した場合、駅の一部のスペースを開放することを決め、駅ごとに具体的な検討を進めている。

帰宅困難者支援の事例と課題

東日本大震災で起きた状況

２０１１年3月11日、震災当日は鉄道の停止などにより多くの帰宅困難者が発生し、東京都で３２５万人、神奈川県で67万人など首都圏全体では５１５万人にのぼったと推計された（内閣府推計）。地震発生時の外出者の約28％が当日中に帰宅できず、大量に発生した帰宅困難者による混乱は、改めて災害に対する大都市機能の脆弱《ぜいじゃく》性を示すことになった。

帰宅者は、鉄道などの交通機関が止まったことにより、徒歩で帰宅するか、代替交通手段に殺到したため、公道は猛烈な渋滞が発生し、この結果、救急車などの緊急車両の通行も妨げられる問題も発生した。

東京や横浜などの大都市で帰宅困難となった者は、勤務先のある建物か、駅や自治体などが用意した避難所に寝泊まりすることとなり、自治体が用意した施設の利用者は９万人、うち横浜市で1万８０００人と報じられた。

しかし、主要ターミナル駅では、営業時間終了後は混乱防止のためシャッターを閉めるなどの対応をとったことが問題視された。

バスやタクシーの乗り場は長蛇の列となり、道路渋滞により車の速度は徒歩並みで、徒歩で帰

幹線道路の渋滞

駅構内の混雑

宅する人の列は翌日まで続いた。

霞が関地区の事例「ＫＫ２　Ａｉｄ　Ｓｔａｔｉｏｎ」[1]

霞が関地区は国の行政機関が集約的に立地している一方、夜間人口は９人という夜間過疎地のため、公民館はもちろん、学校、図書館、博物館といった社会インフラがなく、大規模災害時の避難場所指定がない。

一般財団法人高度映像情報センターが運営する「霞が関ナレッジスクエア」（以下、ＫＫ２）は、霞が関地区の民設民営の公民館として２００８年春にＰＦＩ方式によって整備された文部科学省庁舎の官民棟の２階に開設された。

ＫＫ２が首都直下地震に備え、帰宅困難者を受け入れる「Ａｉｄ　Ｓｔａｔｉｏｎ」活動計画を進めていた折、東日本大震災が発生し、帰宅困難者を受け入れた。それらの経緯と震災当日の活動について紹介する。

Ａｉｄ　Ｓｔａｔｉｏｎ計画の背景

・帰宅困難者数推定は３万人／日

霞が関１～３丁目の面積は０・48平方キロメートル、住民は5世帯9人[2]。一方、昼間人口（在勤者）は、５万９２１０人[3]。最寄駅（霞ヶ関、虎ノ門、桜田門）の平日乗降客数の２分の１から、住民、昼間人口、近隣地区昼間人口を引くと、平日１日で約３万人の人が霞が関地区を

霞が関ナレッジスクエア（ＫＫ２）

■ 霞が関周辺の避難所、帰宅困難者支援場所

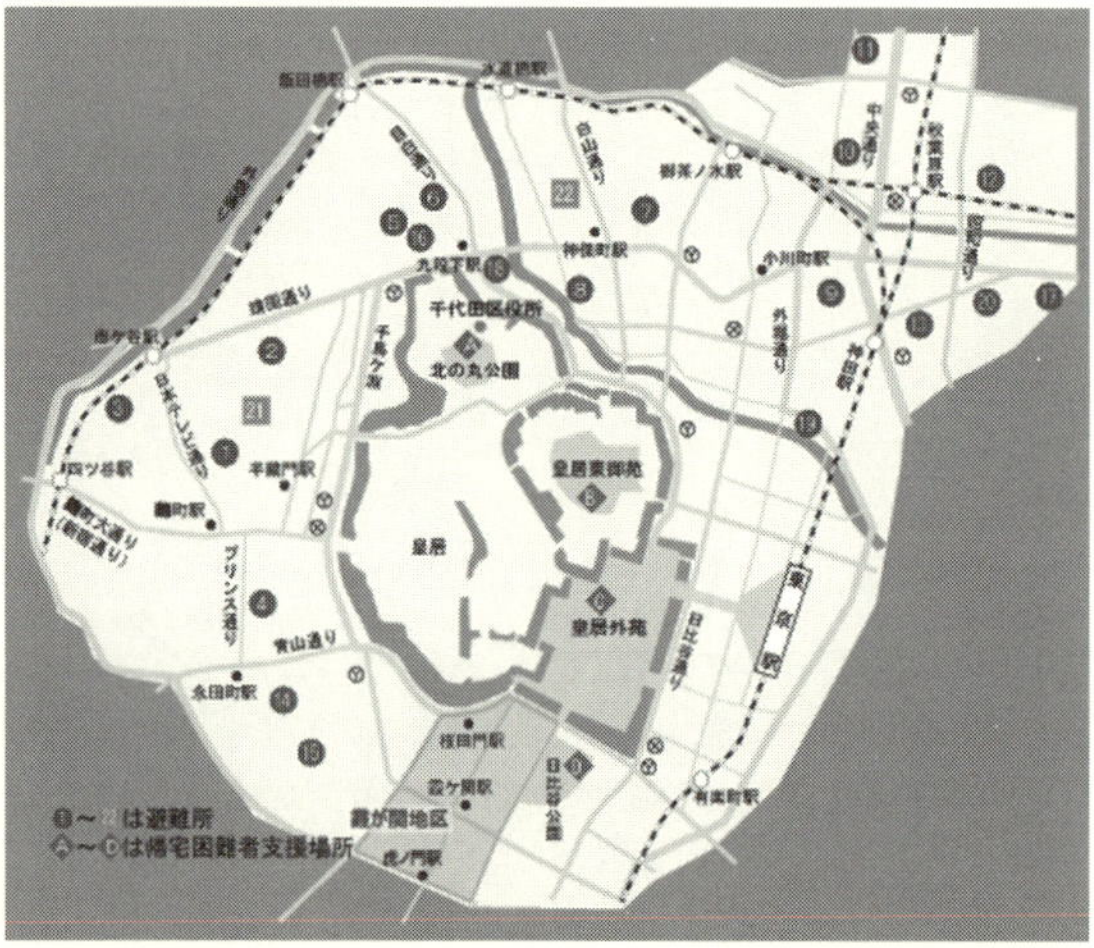

訪れ、一定時間滞在すると想定される。

・千代田区指定帰宅困難者避難場所の課題

千代田区は帰宅困難者の避難場所として、北の丸公園、皇居東御苑、皇居外苑、日比谷公園を指定しているが、すべて屋外公園で、スペースはあるがケアするスタッフが不明確で、ネットワークインフラ、情報提供手段がなく、寒さ、雨天などの対策が懸念される。

・霞が関コモンゲート（霞テラス）の有効活用

ＫＫ２のある霞が関コモンゲートは、桜田通りと外堀通りが交差する虎ノ門交差点に隣接、徒歩帰宅者の要所に位置し、誰もが立ち入れる公共広場として多数の帰宅困難者収容が可能。また、1階が駐車場、道路となっており、霞テラスはその上に広がっているので、1階は屋根のある大きなスペースとして、寒さ、雨天対策に有用である。

・ＫＫ２ネットワークインフラを活用

ＫＫ２は、インターネット、ＴＶ会議、通信衛星（ＣＳ）などネットワークインフラを常備しており、安否確認、交通情報など必要な情報を提供できる。

Aid Station活動

3月11日の大震災発生時、準備万端ではなかったが、スタッフは徹夜で帰宅困難者の世話役を担った。中央官庁では帰宅困難者の受け入れを報道していたが、何も告知していないＫＫ２を約３００人の帰宅困難者が利用した。これはツイッター、メールなどでの口コミによるものであった。

・安否確認サービス

携帯電話、固定電話は、震災時にはほとんど機能しない。災害時優先電話やインターネットを活かした安否確認が有効である。災害時優先電話は、ＮＴＴ東日本によると民間施設は対象外、ということで設置できず、当日は、事務所の固定ＩＰ電話の貸し出しを行った。

・手動式携帯電話充電器によるサービス

携帯電話の充電の要望があり、事務所や職員の充電器の貸し出しを行った。今後、これを教訓に停電時にも使えるように手動式充電器を整備する予定である。

・パソコンの利用提供

ＫＫ２は、会員向けに無線ＬＡＮ、ＰＣを貸し出している。これらを開放し、帰宅困難者に提供した。

・災害時の情報提供

ＫＫ２には大型ディスプレイがあり、災害情報としてＮＨＫを放映、交通情報はＰＣを使いサポートをした。ＣＡＴＶ幹線を引くことも検討したが、多大な経費のため断念した。今後は、ＮＨＫだけでなくＴＯＫＹＯ ＭＸなど地域型の情報の放映も必要であり、そのほか、ラジオの整備や災害伝言板の告知、帰宅支援マップなどの情報整備も課題となった。

・トイレ、一時休息所の提供

ＫＫ２のトイレや休憩仮眠の場を提供するとともに、温かい飲み物やパンなどのサービスも行った。ただし、ライフラインが止まった場合は別途検討が必要である。

課題――連携が必須

今回の活動を受けて、都心における有事の帰宅困難者支援の課題が明らかになった。

・霞が関のまちとしての連携

各省庁や民間企業はその職員、従業員のリスク管理は行っている。しかし、来街者への配慮がない。各省庁、都、千代田区、民間がばらばらで霞が関のまちとしての連携がない。

・避難所の機能

千代田区は、皇居前、日比谷公園など屋外を避難場所として指定しているが、安否確認情報提供のない場所に避難する人は少ない。当日夕刻から、外堀通りの歩道にあふれる徒歩帰宅者に対して、多くのビルはシャッターを閉ざし、多くの飲食店も早々に閉店した。安否確認したい、交通情報が知りたい、トイレが使いたい帰宅困難者に対して、都心のまちとして「何ができるのか」いますぐ確認し合い、協力体制を築くことが喫緊《きっきん》の課題である。

震災を踏まえて――対策と課題

東京都では首都直下地震が起きた場合、都内で５１７万人の帰宅困難者が発生すると予測している。２０１３年４月１日に施行された東京都帰宅困難者対策条例では、地震発生時に発生する大量の帰宅困難者による混乱を防止するため、「むやみな移動は開始しない」という原則を徹底し、事業所、大規模な集客施設や駅などにおける利用者保護、一時滞在施設の確保と運営、帰宅困難者への情報提供、駅前滞留者対策などについてガイドラインを策定している。その一例とし

■ 帰宅困難者などに対応する施設の概要（東京都）

区分	一時滞在施設	災害時帰宅支援ステーション	避難所
設置時期	発生から72時間（最大３日間）程度まで	発生後、協定を結んだ地方公共団体から要請を受けたとき	発生から２週間程度まで（復興・復旧状況によってはそれ以上）
目的	帰宅困難者の受け入れ	徒歩帰宅者の支援	地域の避難住民の受け入れ
支援事項	食料、水、毛布又はブランケット、トイレ、休憩場所、情報等	水道水、トイレ、帰宅支援情報等	食料、水、毛布、トイレ、休憩場所、情報等
対象施設	集会場、庁舎やオフィスビルのエントランスホール、ホテルの宴会場、学校等	コンビニエンスストア、ファミリーレストラン、ガソリンスタンド、都立学校等	学校、公民館等の公共施設

て、関係施設の概要を表に示す。

帰宅困難者対策については、同時に多数の死傷者・避難者も想定され、行政による「公助」だけでは限界があり、「自助」「共助」を含めて総合的に対応していく必要がある。1人ひとりが災害時を想定した取り組みを平時から行っていくことに加えて、特に次の課題を指摘しておきたい。

・街としての連携

避難所など個々の施設や機能がばらばらに設置するのではなく、情報機能、サポートするスタッフなどを含めて、ソフトとハードが一体として機能するように、近隣、地区内での連携について平時から取り組んでいくこと。

・防災・減災技術のさらなる開発

沿道の崩壊建物、落下看板、倒壊電柱、落下電線などの速やかな撤去技術の開発ないしは地下埋設化。また、災害時でも音声通信を可能にする大容量化技術などの開発。帰宅困難者にとって最大の心配は家族の安否である。容易で確実な方法での確認ができれば冷静な対応をとることができる。

1）一般財団法人高度映像情報センター理事長 久保田了司氏の原稿を引用
2）住民基本台帳（2010年7月1日現在）より
3）2005年国勢調査より

3章

chapter 3

安全安心まちづくりへ

公共建築を活用したまちづくり

人びとがまちの中で安全で安心して豊かに生活しつづけるためには、教育・文化、医療・福祉などの市民サービス機能とあわせて、情報、救難・救護、避難、備蓄などの防災機能がまちなかに効率的に配置されることが必要である。

わが国においては、次のような大きな課題が山積している。

・地震、津波、火山、豪雨、台風など大規模災害の脅威
・地球環境問題の深刻化
・急速に進む少子高齢化による地域活力の低下
・人口減少の進行
・極度な車社会の弊害
・自治体の財政難と地域間競争の激化
・老朽化した社会資本の増加　など

これからは、財政面からも、人口面からもこれまでのような地域全般の均衡ある整備・維持は

困難な状況にある。

地域全体を俯瞰《ふかん》し、人口動態や歴史・文化、産業、コミュニティなど地域の特性に配慮しつつ、市民活動や市民生活を支える拠点を都市の各所に形成することが求められる。

その拠点は、歴史的にみると小学校が地域のコミュニティの中心となってきている例が多い。小学校単位を近隣サービス、地域コミュニティの最小の拠点としてとらえ、公共建築と民間施設の連携により、地域の特性に応じた日常的な生活に必要な機能と防災などの非日常機能を融合的に整備する。

公共公益サービス施設の集約化により、縦割りサービスからワンストップサービスが可能となる。多種多様なサービスを集約することにより、地域の人びとにとっては病院や行政手続きなどの用足しに行って、人との出会いが生まれたり、買い物もできるという「ついでの楽しみ」の場として利用できる。

小学校は、およそ人口６０００～１万人に１カ所、都市内に立地する。それら拠点をネットワーク化することが大切である。拠点ごとに地域特性を発揮し、魅力ある都市空間を創出したり、教育・文化や医療・福祉などの非日常的機能を効率的に配置し、他の拠点と連携したり、補完したりすることにより、拠点間の交流が活発になり、まちがにぎやかになることも期待される。

拠点の形成にあたっては、その地を市民の共有財産として多くの人が集まり、利用し、くつろぐ市民交流の場とすることが重要である。

そのため、市民の意向を的確に反映し、企画計画段階からワークショップやフォーラムを開催するなど、市民参加によって進めることはもとより、整備に際して市民債の発行や施設の管理運

■ 都市に求められる市民サービス機能の分類

	日常的機能 近隣・コミュニティレベル	◀……▶	非日常的機能 広域レベル
つながる	近隣センター　商店街　ボランティア	(行政・商業)	行政機関　大規模商店街
まなぶ	小中学校　公民館　カルチャーセンター	(教育・文化)	高校　大学　美術館博物館　図書館
はたらく	コミュニティビジネス支援　シルバー人材センター	(産業振興)	職安　職能転換・企業支援
いやす	クリニック　介護・デイケアセンター	(医療・福祉)	総合病院　総合福祉センター
やすらぐ	家庭菜園市民農園　公園・広場	(緑地・公園)	大規模公園　森林　河川
すむ	高齢者住宅　公営住宅	(住宅)	短期滞在型住宅

■ 市民生活を支える拠点を都市の各所に形成

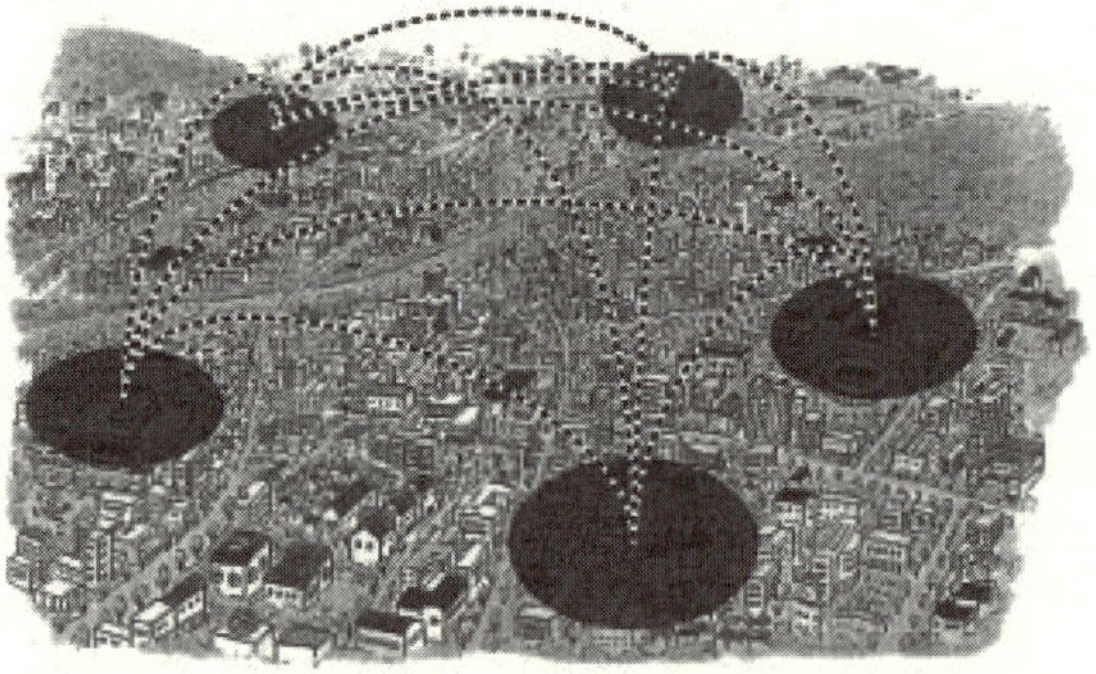

■ 公共公益サービスを集約化

営についてはＮＰＯなど市民団体の活用を進め、「私たちの施設」としての意識を高め、よりいっそうその場の親しみを深めることが有効である。

拠点を構成する公共建築の整備にあたっては、身障者・高齢者対策、地震防災対策や地球環境対策などを的確に取り入れるとともに、その意義や効果について市民の目にとまるよう展示することが必要である。また、整備プロセスにおいてもその折々で見学会やワークショップ、フォーラムなどのイベントを開催して、それら対策の啓発を進めるとともに、地域とコミュニケーションをはかることが必要である。

近年は、空き教室・校舎や市町村合併により空いた庁舎などが多々ある。これらの既存施設の有効活用を推進する。

新たに整備する場合には安全性や耐久性を重視することと、災害など不測の事態や将来の需要変化にも柔軟に対応できる若干の冗長性と多用性（Redundancy & Usability）を備えることが必要である。

市民防災拠点の形成

公共建築と周辺の民間建築物などが連携して創りだすまちなかの拠点に、地域・市民を守るため防災情報の発信や一時避難場所、水、食糧などの備蓄など防災・減災機能を付加し、防災拠点とする。

行政施設は、市役所―支所―地区センター（出張所）というように、公共建築はそれぞれのジャンルごとにヒエラルキーをもって都市内に配置されている。

防災機能も公共建築の階層的ヒエラルキーに対応した広域から近隣へ、総合市民防災センター――市民防災センター――防災ユニットというように役割に応じた必要な機能を整備する。それらを連携させ、ＩＴ化時代に対応した防災ネットワークを形成する。

全国に約４００万個あるといわれる自動販売機は、まちなかの景観破壊の元凶や邪魔ものとの指摘もあるが、最近は、災害時に飲み物を無料提供したり、デジタルサイネージによる情報提供を行っているものもある。これを活用して防災スポットとしてネットワークの中に組み込む。数あるバス停留場もこのような機能を付加することにより、より密なネットワークを形成することもできる。

■ 防災ネットワークのイメージ

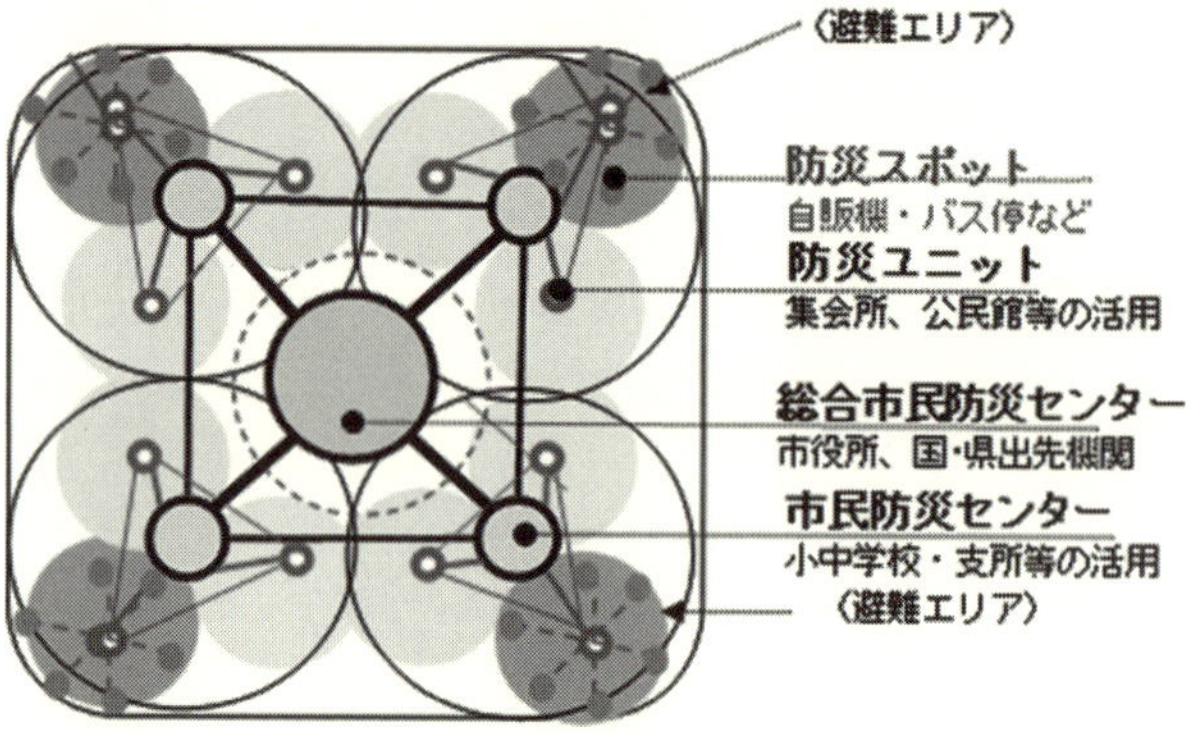

現在、市町村からの防災情報は、学校などに設置されている塔（パンザーマストという商品名で呼ばれている）から4方向に向けたスピーカーで発信されているが、指向性があることにより建物の陰などでは聞こえないことが多い。自動販売機やバス停などを情報発信場として活用し、きめ細かな情報発信をすることが必要である。

■ 市民防災拠点の機能

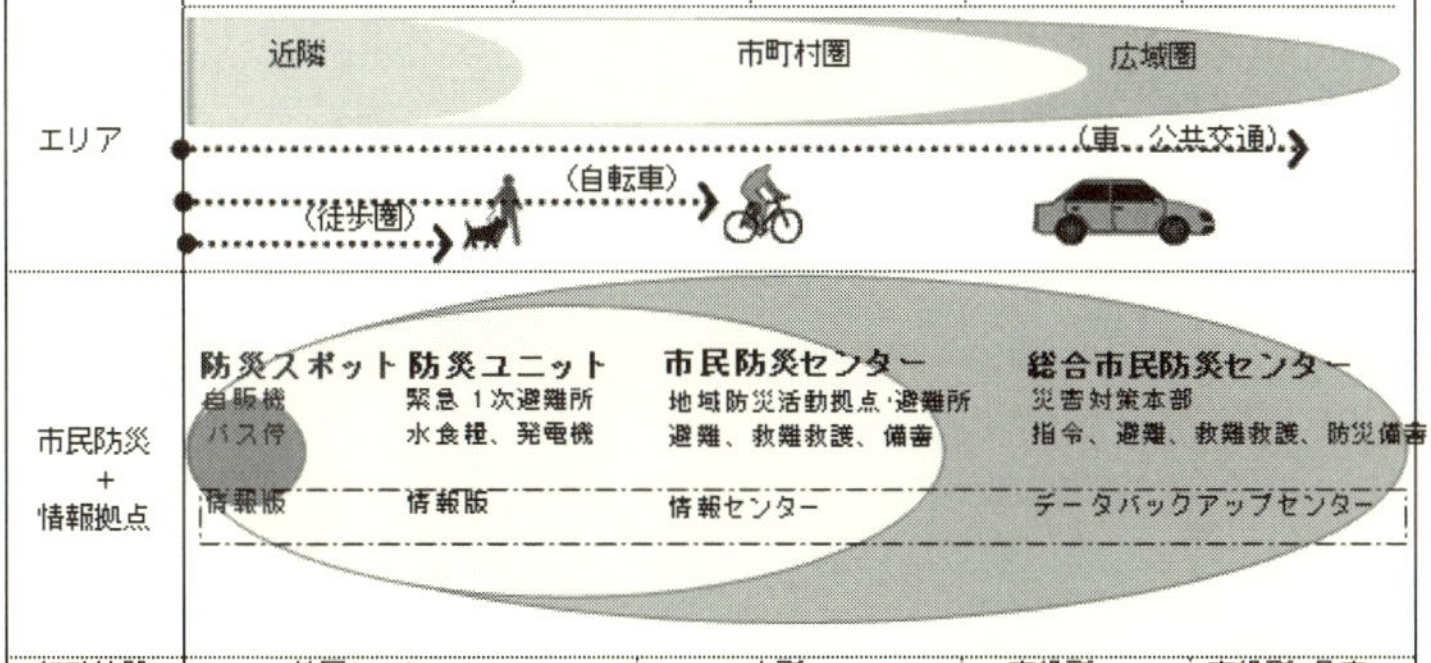

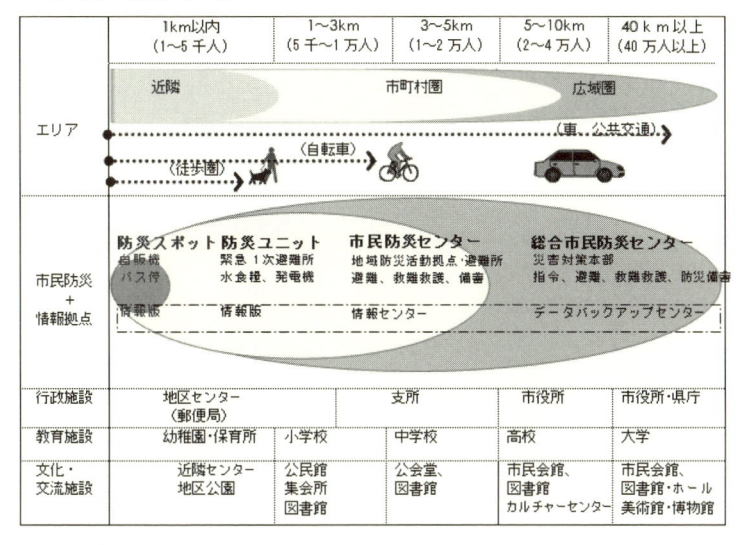

	1km以内（1〜5千人）	1〜3km（5千〜1万人）	3〜5km（1〜2万人）	5〜10km（2〜4万人）	40ｋｍ以上（40万人以上）
行政施設	地区センター（郵便局）		支所	市役所	市役所・県庁
教育施設	幼稚園・保育所	小学校	中学校	高校	大学
文化・交流施設	近隣センター 地区公園	公民館 集会所 図書館	公会堂、図書館	市民会館、図書館 カルチャーセンター	市民会館、図書館・ホール 美術館・博物館

○防災スポット　自動販売機　バス停
・スケール：まちなか随所
・ねらい　：地域コミュニティの維持、近隣意識の啓発
・機能　　：災害時　防災情報の発信　飲料の支給
　　　　　　日常　　まちかど情報の発信　飲料の販売
○防災ユニット
・スケール：町丁単位　幼稚園、保育園エリア
　　　　　　地域の人が10〜20分程度でたどり着ける。おおむね１キロメートルの範囲
・ねらい　：地域コミュニティの維持、自主防災組織の強化
・機能　　：災害時の緊急避難場所　津波避難ビル
　　　　　　日常　　公民館など市民交流機能
　　　　　　備蓄（水、食料、発電機など）　例示　情報機能付き自販機
○市民防災センター
・スケール：小学校校区単位　おおむね人口4000〜8000人
・ねらい　：地域住民の生活・生業支援
　　　　　　地域コミュニティの維持
　　　　　　地域の歴史・文化の維持
・機能　　：災害時　避難所、地域防災活動拠点
　　　　　　日常　　行政窓口、保健福祉、交流・集会、学習、防災メモリアル
　　　　　　備蓄（水、食糧、エネルギー源、防災グッズなど）
○総合市民防災センター
・スケール：都市単位
・ねらい　：防災啓発、防災メモリアル
・機能　　：災害時　災害対策本部
　　　　　　日常　　行政、市民交流、文化・学習、防災公園・広場など都市活動の拠点
　　　　　　備蓄（水、食糧、エネルギー源、防災グッズなど＋石油の備蓄：ミニ発電所）

■ 防災拠点ネットワークのイメージ

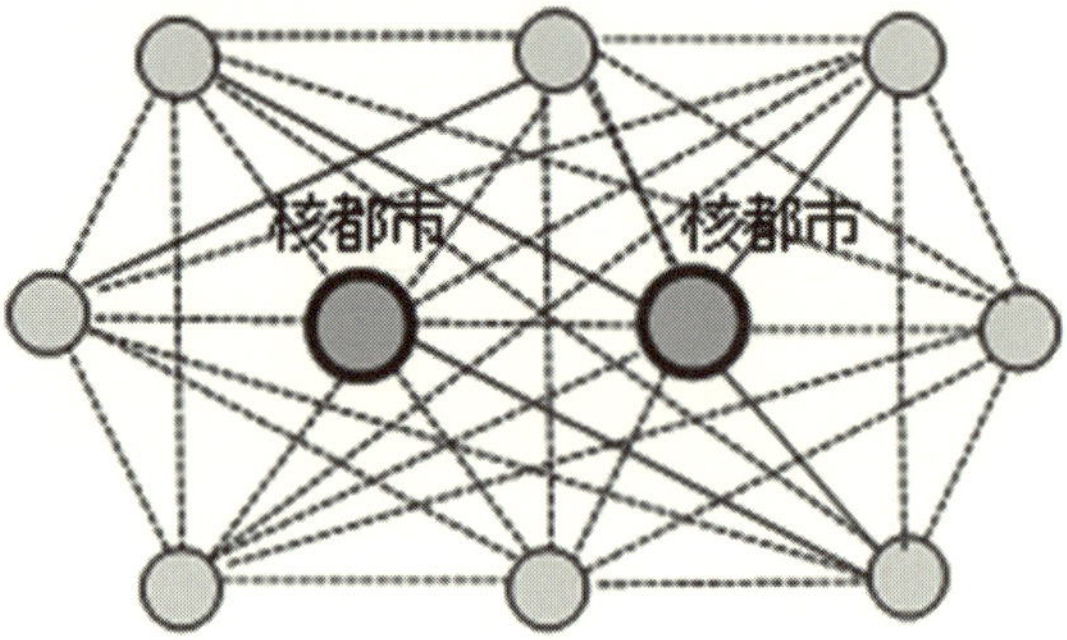

防災拠点ネットワーク

人・地域を脅かす災害は、地震、津波、火山、豪雨、台風、高潮などの自然災害のほか、多発する交通の事故、世界各国で勃発《ぼっぱつ》するテロなどがある。それらは東日本大震災のような超広域なものから局所的なものもある。

これらに的確に対応するためには、地域の特性に応じ、災害の種類・規模に対応した被災想定を行政はもちろん、市民が共有して認識し、拠点間・地域間の連携のあり方を日頃から構築しておく必要がある。

拠点ネットワークは、ヒエラルキーにみられるツリー型でなく、拠点間、都市間などを結ぶ亀甲《きっこう》形とし、いかなる状況においても連携できるものとすることが必要である。

さらにいえば、複眼的構造が望ましい。

近接・隣接都市ネットワーク

都市（自治体）は、必ずいくつかの都市と接し、独自の行政を展開している。長野県でみると、長野県歌『信濃の国』では「信濃の国は十州に 境連ぬる国にして」とあり、越後、上野、武蔵、甲斐、駿河、遠江、三河、美濃、飛騨、越中の10カ国、現在の県では新潟、群馬、埼玉、山梨、静岡、愛知、岐阜、富山の8県に接している。東京都下の立川市でみると国立、国分寺、小金井、三鷹、調布、稲城、多摩、日野の8市と接している。

全国の都府県や市町村も、これほどではないまでも複数の自治体と接している。

地方都市において消防や行政事務の一部を広域で処理している事例は少なからず見受けられるが、自治体どうしの縄張り意識が強い。とりわけ、公共建築は、国の補助金行政とあいまって「隣の町がつくったから、わが町も」とばかりにつくられてきた。それが少子高齢化や都市の空洞化・過疎化などにより、有効に活用されていないものが多くなり（ハコモノ行政と揶揄《やゆ》）、それらは経年劣化や陳腐化が進み、維持管理が深刻な課題となっている。

国の出先機関の来庁者調査によると、出先機関は都道府県内の複数の市町村を管轄しているものが一般的で、税務署や登記を扱う法務局には必然的に管轄区域の人や企業が訪れている。しかしながら、職業紹介をしているハローワークでは、管轄区域に限らず隣接の県や市町村から職を求めて来庁するという。地域住民にとっては、居住する市町村にこだわらず、仕事の場は交通至便であったり、ついでの用足しができる地を選ぶということである。

一方、今後、人口減少、少子高齢化の進展、特に生産年齢人口の減少で投資余力の減ることが見込まれる。

今後は、従来の行政単位の枠を越え、安全安心（防災）はもとより、教育・文化、保健・医療、福利などについて、近隣・隣接自治体どうしで連携する必要がある。

全国の都市間では姉妹都市など提携している市町村が数多くある。姉妹都市は一般的に国際的な自治体交流をさしているが、国内における自治体間の提携にも「姉妹都市」あるいはそれに類する名称が使われている。都市の提携は自然や歴史などの共通項をもとに提携しているものが多く、物産や同名都市など多様な事柄で提携されている。

防災について、地震対策、津波対策、噴火対策、洪水対策など災害の種類・規模などに応じた支援・救援など連携のあり方を設定する。それらを複数かつ多重的に設ける。さらには復旧・復興などに関するノウハウを共有する提携もあるべきであろう。

広域ネットワーク

広域連携に、国土軸というキーワードがある。国土軸としては明治維新以降、中央集権体制のもとで工業化と都市化を通じて形成された西日本国土軸（仮称）が代表的である。

12の政令都市のうち10市を串刺しにし、3大都市圏と中国圏、九州圏の2つの地方圏の核である大都市を高速道路、新幹線、航空路線などの高速交通体系によって結合し、戦後復興、経済の高度成長、情報化・国際化の進展などの過程を経て発展してきた。

しかしながら、結果として過度な東京一極集中の国土構造をもたらし、均衡ある発展が妨げられ、豊かな自然が失われてきた。

全国総合開発計画である「21世紀の国土のグランドデザイン」では、新しい国土軸を「気象・風土などの自然的・地理的条件および文化的条件などにおいて共通性を有する地域の連なりであって、交通・情報通信インフラのもとで、人・モノ・情報の密度の高い交流が行われ、人々の価値観に応じた就業と生活を可能にする国土の広い範囲にわたるもの」と定義し、西日本国土軸に加え、「北東国土軸」「日本海国土軸」「太平洋国土軸」（仮称）を掲げ、複数の新しい国土軸を形成し、相互に補完・連携させることによって、日本列島全体が均衡ある発展をし、多様性に富

■ 新しい国土構造のイメージ

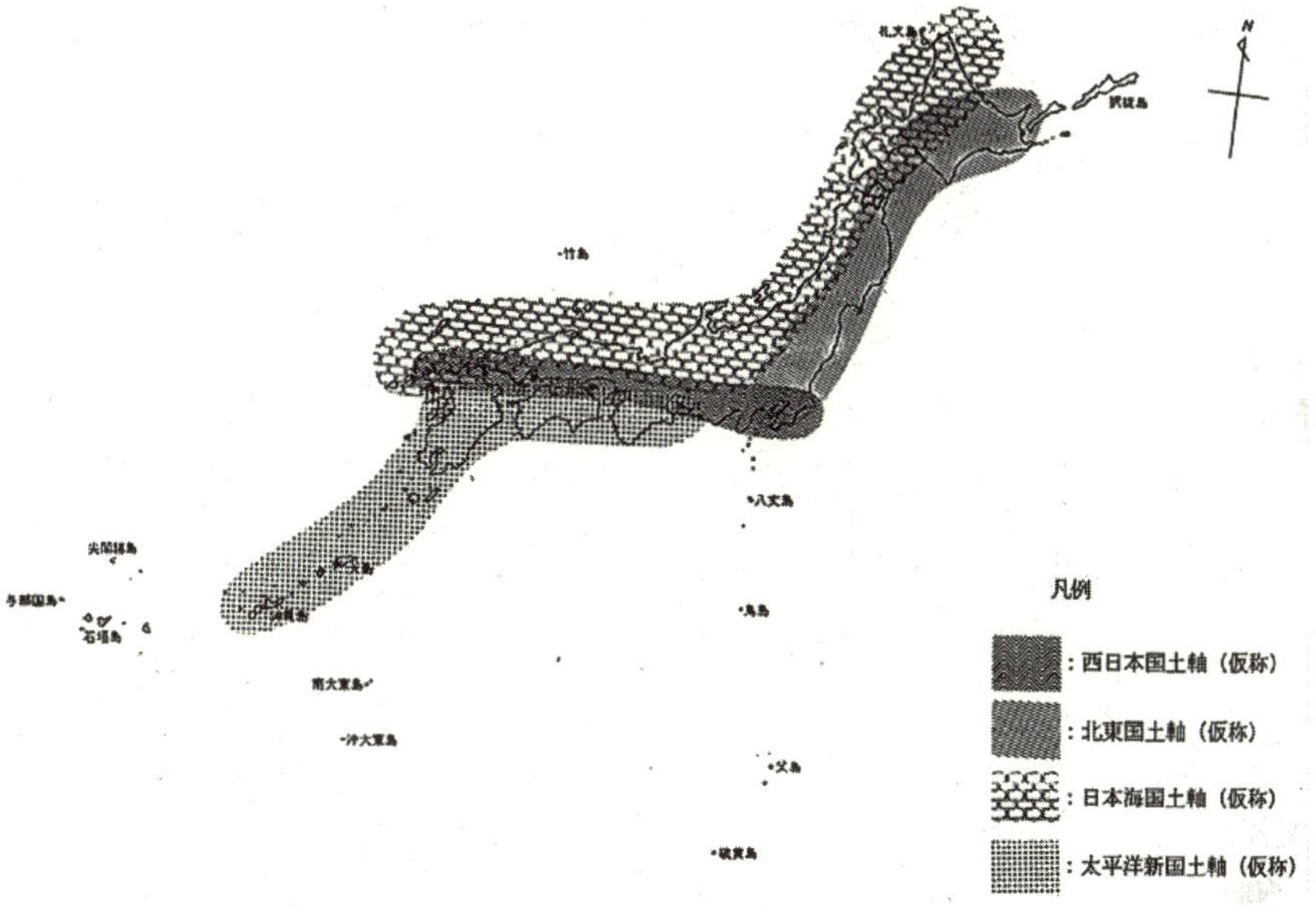

んだ美しい国土空間を実現していくことを国土政策の基本方向としている。

さらに、このような骨格的な軸のほか、質の高い自立的な地域社会を形成していくためには、都道府県など従来の行政単位の枠を越えた広域的な地域連携が必要であり、この地域連携によって、産業、福祉、教育・文化、自然環境、国土資源管理などさまざまな分野で、新たな地域発展の機会の創出、提供されるサービスの高度化と効率的な基盤整備、地域の共通する課題の解決、災害発生時の迅速な支援などが可能になるとしている。

安全安心のまちづくりには、骨格的な軸も必要であるが、東日本大震災の大津波災害の際に効果を発揮した岩手県遠野市の事例のように地域連携（あばら骨的）がきわめて大切である。

■ 北前船の航路と主な港

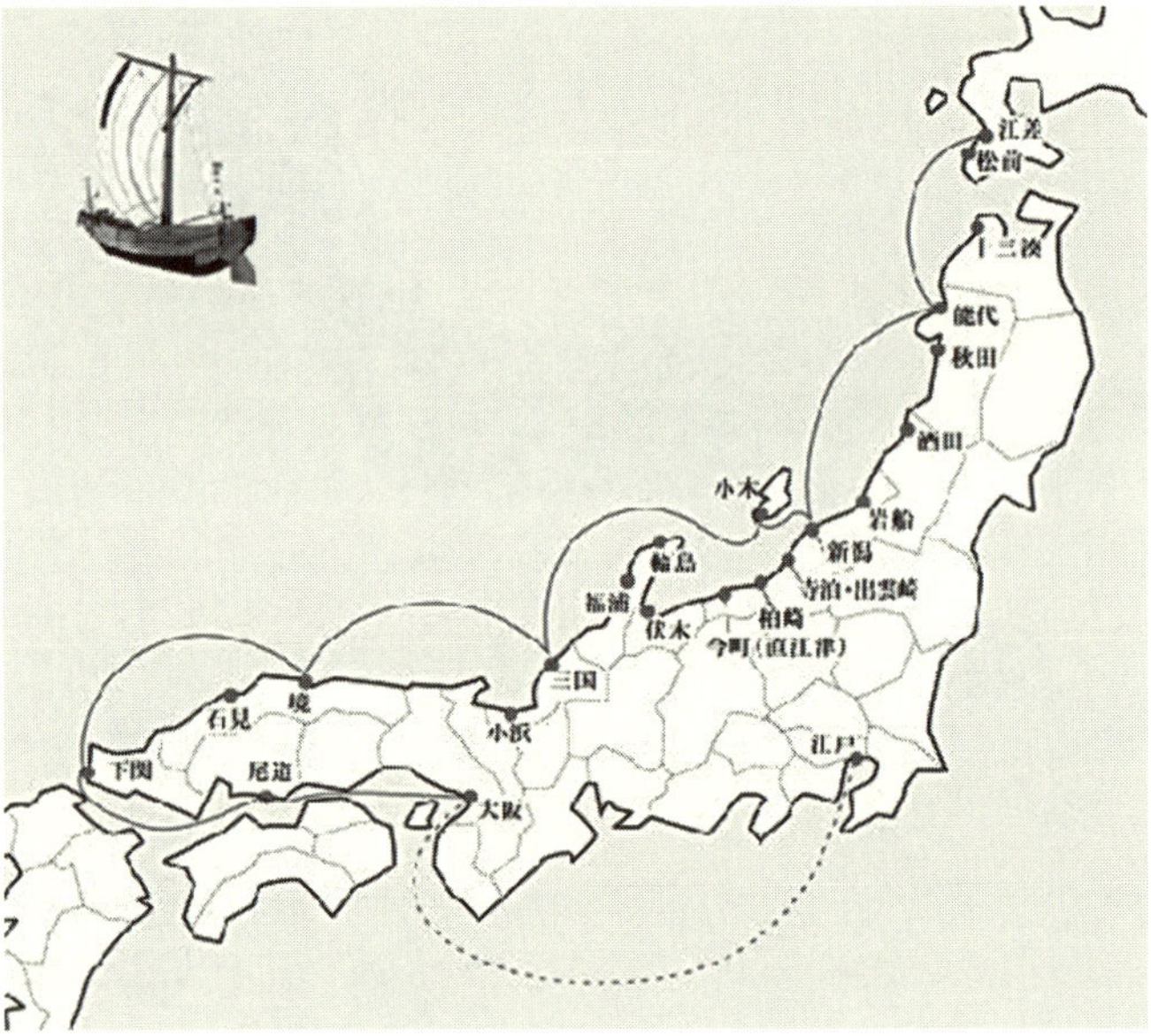

阪神・淡路大震災は都市災害ではまれにみる大災害であった。しかし、その範囲は神戸市と淡路島に集中するという比較的局所的であり、陸路は途切れたが、これを補ったのは大阪港から神戸港への海路であった。港湾の被害も出ていたが、船舶の出入りには大きな支障がなかった。

この経験から、海上輸送による救難・救護、補給などの重要性が叫ばれてきている。昔の北前船のように、舟運、海路による救難・救護、補給など防災的連携のほか、交流、観光など地域の特性を活かしたネットワークが必要である。

全国にある国際戦略港湾、国際拠点港湾、重要港湾、さらには地方港湾を災害用備蓄基地として補給・支援の拠点とすることも一考を要する。

東北復興・振興の基本的視点

東北の復興にあたって考えなければならないのは人口動向である。

被災した都市について国立社会保障・人口問題研究所の２０３５年の人口予測でみると、ほぼ横ばいなのは仙台市、名取市、岩沼市の３市だけで、他の沿岸・港湾都市は釜石市をはじめ軒並み30〜40％減となっている。しかも、高齢者の数はそれほど変わらないのに、15〜64歳の、いわゆる生産年齢人口が急激に減少するとしている（96ページ参照）。

これまでの被災した都市の人口状況は、一般的に減になるのが通例であり、これからもっと減っていくことが想定される。

また、漁業や農業などの1次産業に従事する人の高齢化も著しく、それらを踏まえたまちづくりが大きな課題である。漁業法や漁業権、農地法に縛られず、企業、若者が入れるようにするとともに、村井宮城県知事が提唱している復興特区によって進めることが大切である。

港湾には河川が流れ込んでいる。この河川流域で、海―浜―田―畑―のら―里山―奥山という連坦したかたちで、地域の特性を醸《かも》し出し、人の生活・生業《なりわい》を支えてきている。

三陸地方の港湾都市の復興には、単なる被災地区だけの復興でなく、流域一帯の持続性を維持できるような取り組みが必要である。

仙台以南の沿岸の被災地域では、農地とその中に散在していた多くの建物が津波に襲われた。まず非浸水地域の農地を宅地化し、浸水した地域の宅地を農地とすることや、津波で浸水した地区は、全て公共で買うなり借り上げるなりして、生産性の高い大規模農地にするなど抜本的なまちづくりが求められる。

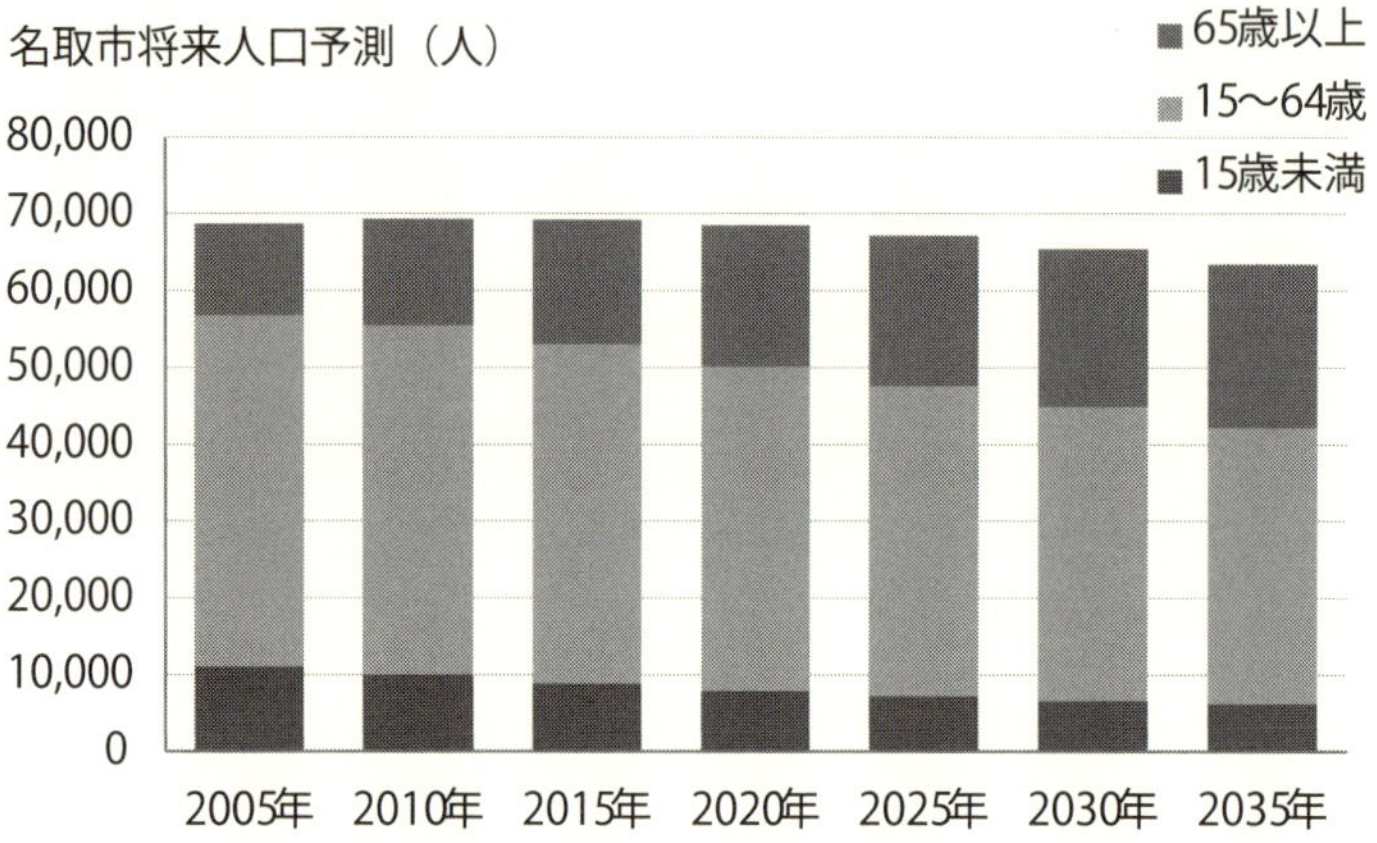

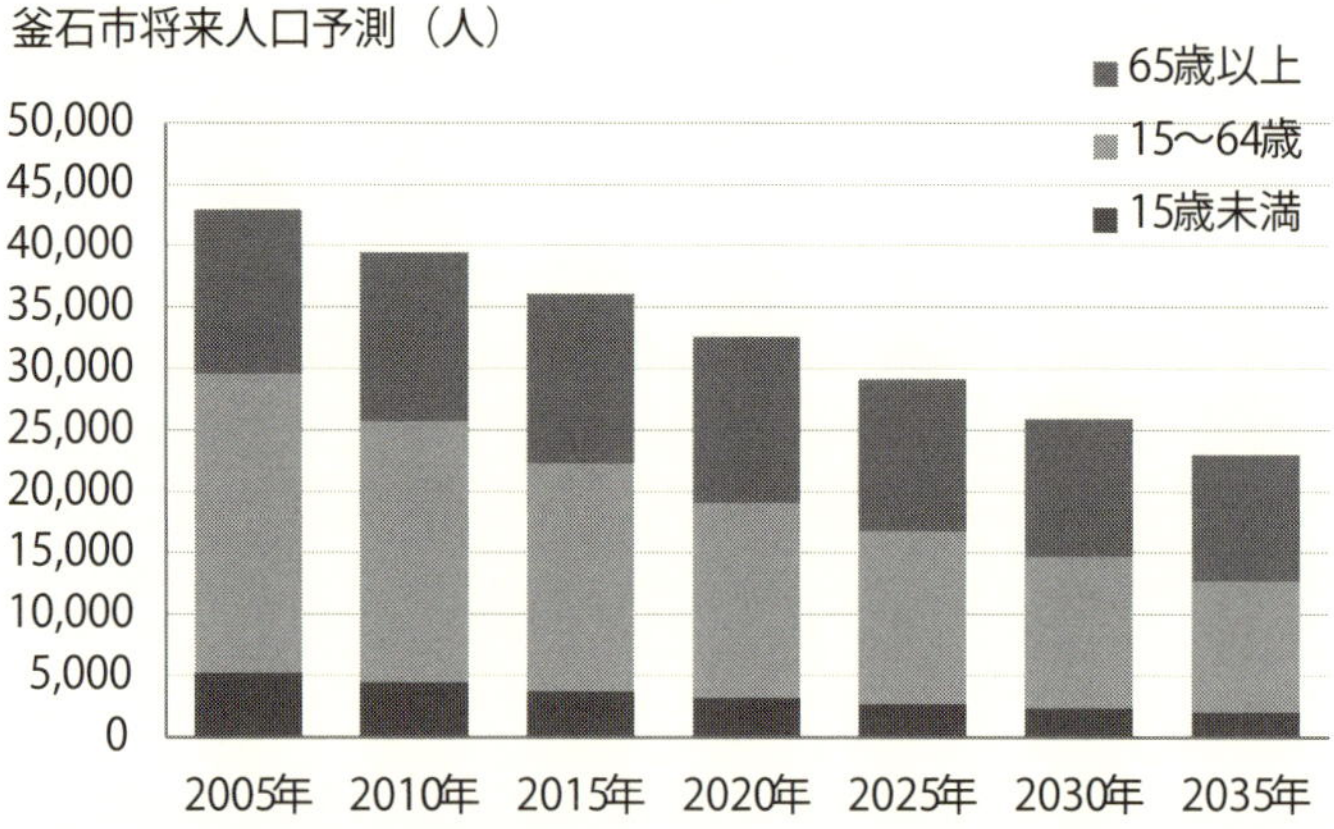

名取市の人口は 2035 年までほぼ横ばい（上）
釜石市では生産年齢人口が急激に減少（下）

■ 港湾都市の防災的復興イメージ

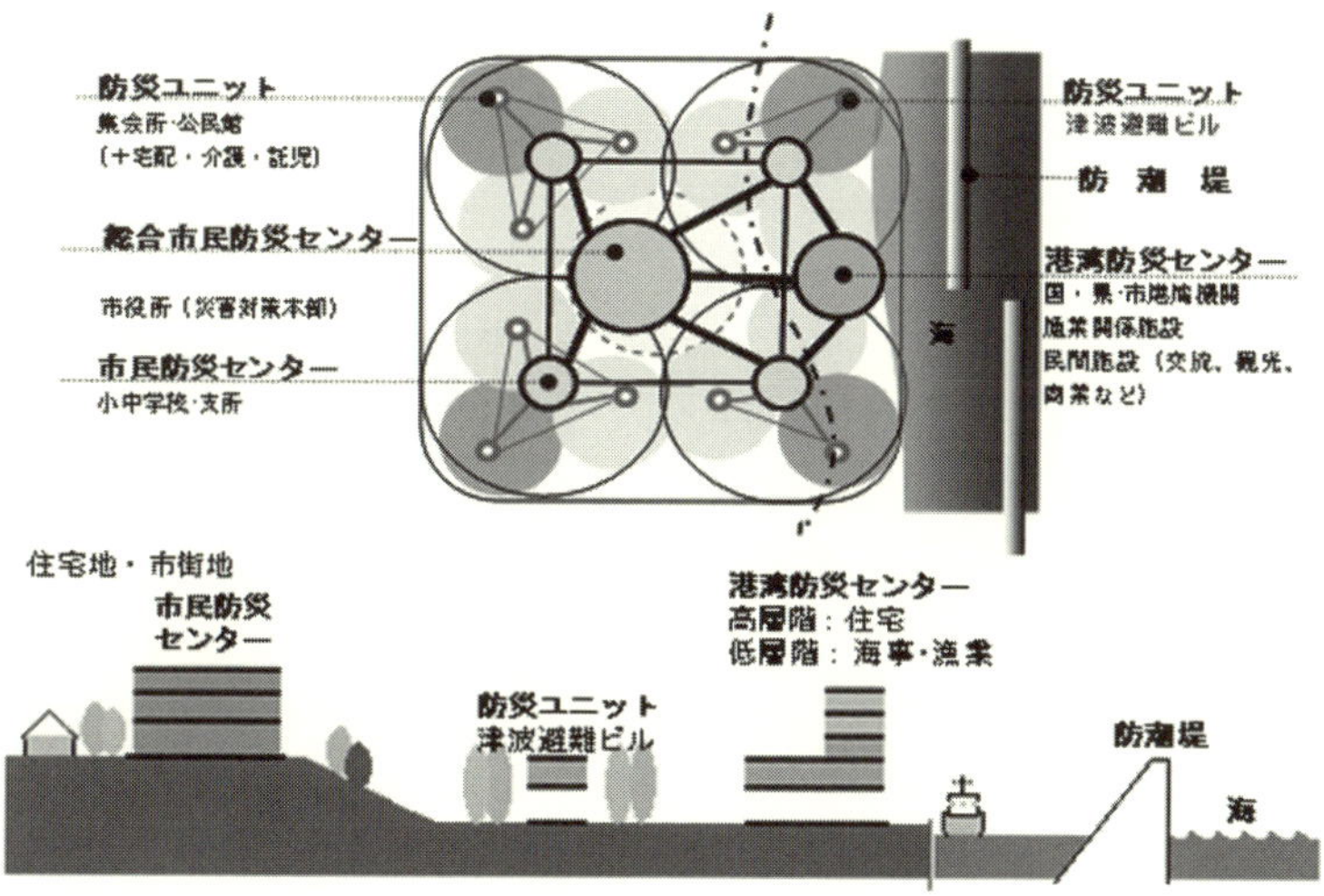

港湾都市の防災的復興

港湾地区には、津波に耐えられる堅固な鉄筋コンクリート造の建物を建設し、低層部分には漁業関係施設や観光関係施設、中層部には港湾関係の役所や海運関係会社などを立地させ、高層部分は住宅とする。そして中層部には共用部を広く設け、津波など災害時には避難のためのスペースとする（津波避難ビル）。

まちなかには、どこにいても5〜10分程度でたどり着ける範囲に、公共建築や民間ビルを津波避難ビルとして指定する。

市街地や住宅は津波の届かない高台へ、そんなまちづくりが必要である。

国際交流や地域経済のグローバル化が進む中、地方港湾都市においても、国際交流の拠点となり、諸外国との直接交流をめざす時代となっている。また、国内的にも高速道路を通じた内陸地域とのネットワークの構築が進んできていることとあわせて、今後は航路を主体とした新しい国土軸（日本海国土軸）の形成も意図されている。

一方、港湾地区は、港湾の諸活動の円滑化をはかり、港湾機能の確保を目的に都市計画法に基づき臨港地区が指定されている。その中に商港区、工業港区、マリーナ港区、修景厚生港区などの分区が設けられ、その目的に合わない建物の建設や用途の変更が禁止されている。

今後は、これらの規制を緩和しつつ、国内外交流の拠点としての港湾整備を進めていく必要がある。

沿岸都市の防災的復興

仙台平野は平坦に広く広がる沖積平野である。海岸近くには丘陵や台地がない。緩やかに奥に向かって標高が高くなるが、津波を食い止められるような地形はない。

この地域を襲った津波は三陸地域に比べると低く、三陸で波高が15メートルであった津波は、仙台平野では10メートルであった。海岸沿いあるいは海岸線から2~3キロメートル離れたところに防波堤をつくれば、巨大津波を食い止めることができる。

東日本大震災で、仙台平野を南北に縦断する仙台東部道路は防波堤の役目を果たした。

仙台以南の平野部では、海岸線から2~3キロメートルのところに、スーパー堤防のような緩傾斜の巨大津波の越流しない標高20メートルくらいの台形の堤防を南北に海岸線に並行してつくり、道路あるいは鉄道など交通に利用する。その堤防より海岸側は農地や牧草地あるいはは平地林とし、市街地は設けない。現在の宅地や農地は震災前の価格で買い取る（今からでも遅くない）。

堤防より山側は住宅を主体とした市街地とする。標高が20メートル以下の地域の建物は3階建

転倒した県営住宅（新潟地震写真集より）

■ 沿岸都市の防災的復興イメージ

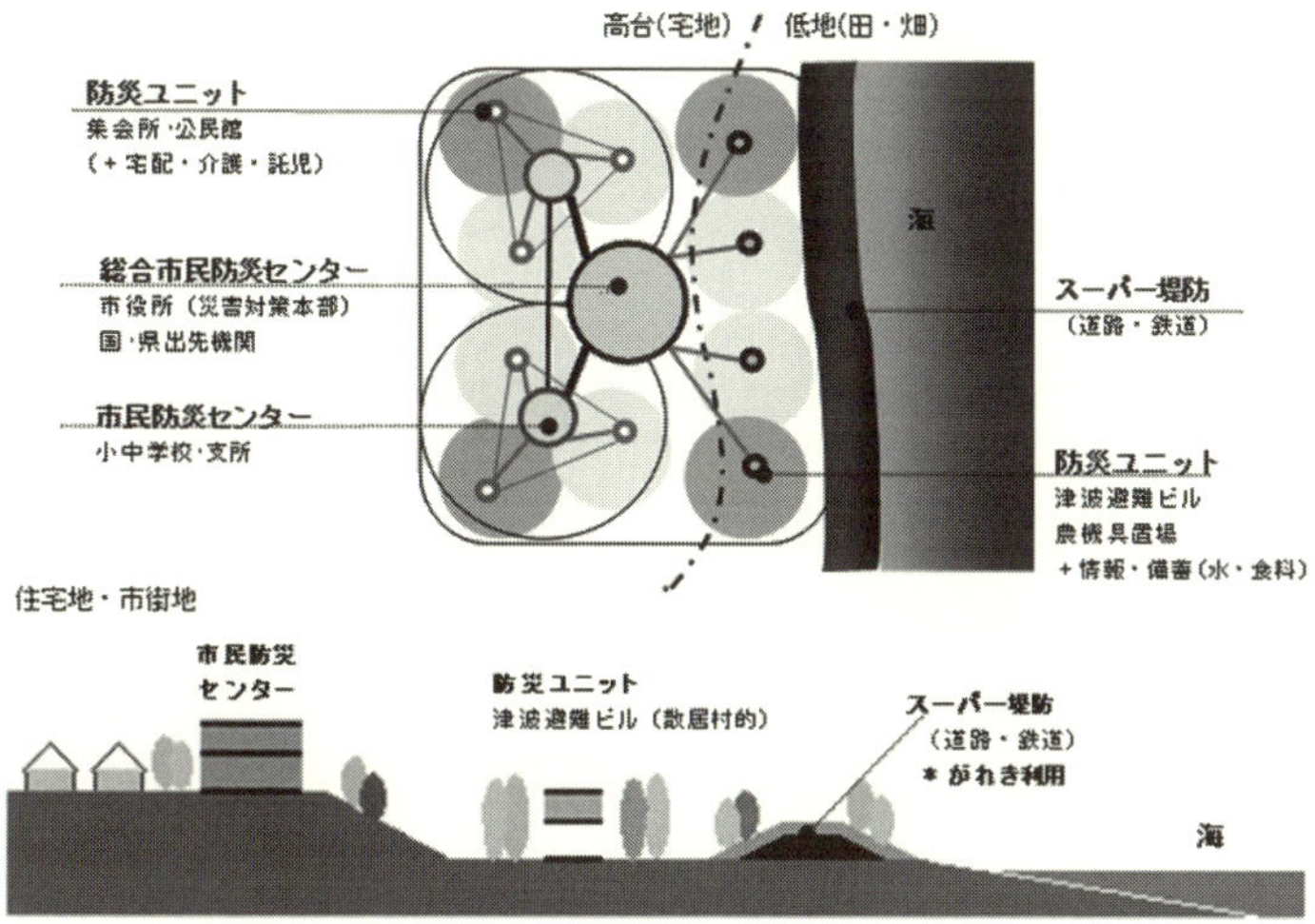

て以上の鉄筋コンクリート造などとする。あるいは平坦な市街地の中で歩いて10分程度でたどり着ける範囲にがれきや残土を使って小高い人工の丘をつくり、津波や高潮からの避難場所とする。平常時には市民の憩いの場やウォーキングなどの体力づくりの場とする。

最近の報道によると、静岡県袋井市で、江戸時代に、高潮から逃げるために住民が築いた知恵を津波対策に活かすねらいで、「命山」と呼ばれる人工高台の整備が進んでいる。

つくられているのは遠州灘から約1キロメートル内陸の袋井市湊地区である。南海トラフ地震で市が想定する最悪のケースで最大津波高は10メートル、湊地区では1メートル程度の浸水があるとされた。「避難タワーは維持費がかかり、耐用年数も50年程度、山であれば後世に残せる」との市民の要望を受け、市が整備している。約６５００平方メートルの店舗跡地に高さ7メートルの台形状に盛り土して、頂上部分の平地には１３００人を収容できるそうである。

公共建築のあり方

学校

学校施設は、子どもたちの活動の場であるとともに、災害時には地域住民の避難場所としての役割も果たすことから、その安全性の確保とあわせ、防災機能の強化が必要である。なお、これらの対策は画一的なものではなく、災害危険度や地形、人口動向など地域の実情を踏まえたレベルの総合的な防災対策が必要である。

・学校の立地

東日本大震災では、学校が津波で被災し、多くの児童が犠牲となるとともに、避難所としても機能しなかったものが少なくない。

可能な限り災害安全性の高い場所に建設するとともに、公園広場や文化会館、福祉施設などと隣接し、防災の拠点を形成することが必要である。

関東大震災の後、東京市の条例では次の内容をうたっている。

・小公園の配置は、児童数、校庭の広狭、既設公園の配置などを勘案し、都市計画的に決定させる。

・耐震強度を高めた小学校に隣接し、教材園および運動場補助などの目的を有するとともに、地域の防災拠点とする。

・広場を中心に敷地の40%を植栽地とし、道路に沿う外周部分には低い鉄柵を施し、容易に出入り可能なものとする。

・植栽には防火・防音・防塵効果に優れた常緑樹を採用し、学校教材のために多種類の樹木と灌《かん》木《ぼく》を使用する。

・震災復興の名のもとに公園を近代文化の普及・啓発のための展示場として演出する。

このような視点で学校がつくられていたら、ずいぶん被害が少なかったかもしれない。

・防災機能の強化

ほとんどの小中学校が地域防災計画で避難所として指定されている。学校は、子どもたちの活動の場であるとともに、非常災害時には地域住民の応急避難場所としての役割を果たすことから、その安全性の確保はきわめて重要である。

文部科学省では「地震に強い施設づくり」を喫緊《きっきん》の課題として、地震による倒壊などの危険が高い建物（Ｉｓ値０・３未満）について優先的に耐震化を推進し、おおむね80%に達している。また近年、大規模な地震では構造体の被害が軽微な場合でも天井材の落下など、いわゆる「非構造部材」の被害が発生し、新耐震設計法以前に建築された建物に限らず、それ以降に建築された建物の場合も非構造部材に被害が生じる可能性がある。このため「地震による落下物や転倒物から子供たちを守るために――学校施設の非構造部材の耐震化ガイドブック」を発行し、学校施設

■ 耐震改修と一体で行う場合に対象となる具体的な整備事例

- 備蓄倉庫および防災倉庫設置のための既存校舎の改修工事
- 外階段や避難経路の設置、通路や出入り口などの拡幅のための改修・改造工事、避難時の安全のためのフェンスの設置
- 既存施設への屋外便所、マンホールトイレの設置工事
- 防災水槽、耐震性貯水槽、防災井戸の設置工事
- 自家発電設備等の設置工事（耐震改修と一体で行う工事のみ）

の総合的な耐震化を推進してきている。

さらに、東日本大震災では多くの学校が避難所として活用された教訓を踏まえ、今後発生が懸念されている大規模地震などに備え、校舎などの耐震補強はもとより、非構造部材の耐震対策とあわせ、自家発電機などの防災安全機能の強化を推進している。

・避難所機能の確保

新潟県中越沖地震（２００７年）後の柏崎市の現地調査や避難所の運営に携わった者からのヒヤリングなどから避難所の課題を整理すると、避難者サイドからは、災害情報を知りたいがテレビがない、電話が通じないなど避難所間での情報格差やトイレ、プライバシーなど生活環境に関するものが多かった。一方、学校サイドからは、新潟県中越沖地震は７月に発生し、避難所としては夏休みにかかり、教育への影響は比較的少なかったが、長期化した場合の教育への影響が懸念されていた。

避難生活は数カ月に及び、長期化することが多く、夏あるいは冬にかかるため冷暖房対応が必要となる。セキュリティとプライバシー対策も必要である。さらには教育と避

難所の分離などを日頃から想定し、対策を講じておく必要がある。

病院：医療機能の持続性確保

地域の基幹病院は、災害に対して安全な場所に建設し、医療機能の持続性を確保する。災害時には、ライフラインの途絶が起きる。とりわけ病院においては、入院患者のケアとともに、災害でけがをした人たちへの対応で停電は致命的となる。

３日間程度の自家発電機の運転が一般的であるが、東日本大震災の教訓からは、それでは十分ではない。地域の基幹病院にはミニ発電所機能を持たせ、長期間電気が途絶しないようにすることも必要である。

東京の聖路加病院の建設時、当時の日野原院長が「ベッドが置けるよう廊下の幅を広くしろ」といわれたそうである。それが功を奏し、地下鉄サリン事件の際に被災した人たちを収容して治療ができた。このように、病院などの医療施設は、空間や設備にゆとりをもたせることが大切である。

老人福祉施設：安全な場所への立地

これまで災害があるたびに、老人ホームなどの被災が報じられている。災害は「社会の一番弱者に一番厳しく襲う」という冷酷な事実を私たちに突きつけた。

高齢病弱者が入居する建物は、一番強い安全なものとすることが必要である。さらに、災害時でも病弱な高齢者を十分に面倒をみられる介護などの人も確保されていなければならない。

急速に進む高齢化の中で、老人福祉施設は多様であり、すべてが病弱者ではなく、少しの障害や家族状況により入居している人も少なくなく、日常的には人との交流を求めているお年寄りが多いと聞く。

まちなかにほかの公共施設などと一体的に整備し、地域コミュニティの形成の一翼とすることが大切である。

帰宅困難者対策

東日本大震災のほか、台風などでも帰宅困難者が大量に出ている。首都直下地震（マグニチュード７・３）では、１都３県で約３９０万人の帰宅困難者が発生すると予測されている。山手線の新宿、渋谷や池袋駅周辺では満員電車並みの大混雑になるといわれている。

駅舎や公共施設、さらには駅周辺や避難経路と想定される基幹道路沿いの民間ビルなどを含めた帰宅困難者対策の早急な対応が求められる。

その際には、ただ単に「イレモノ」だけでなく、テレビやパソコンなどによる情報提供とあわせ、安否確認のための電話や携帯電話充電サービスなどの設備も必要である。

わが家が最適な避難所——木造住宅の耐震化促進へ

地域の生活、まちづくりの拠点となっている公共建築を活用して安全安心のまちづくりを進めることが大切であるが、１日のうち最も長く過ごしているのは自宅である。災害に遭う確率も自宅が一番高いことになる。また、災害時に最も安心して過ごせるのは自宅である。

新潟県中越地震では、学校などの避難所があふれ、プライバシーなどの問題もあって車の中で過ごす避難者も少なくなく、エコノミー症候群なども発生した。長岡市では、それらの被災経験などを盛り込んだ地域防災計画の策定にあたって「わが家が避難所、だから強く安全に」という視点を基本構想の１つに掲げている。

しかしながら、危険な住宅は大量にある。住宅の耐震化を促進する必要がある。

木造住宅の地震被害

阪神・淡路大震災においては多数の死者や重軽傷者が出た。また、20万棟を超す焼失・倒壊家屋、都市基盤（ライフライン、交通など）の徹底的な破壊は、関東大震災に匹敵する都市災害であった。前述のように、多くの人が自宅で被害を受けた（24ページ参照）。

被災者が死亡に至った原因としては、①古い木造住宅の倒壊によるもの、②発生時刻が未明のため就寝中であったこと——といわれている。

木造住宅の耐震化が叫ばれ、各種施策が講じられてきているにもかかわらず、耐震補強は遅々として進んでいないために、その後の新潟県中越地震や新潟県中越沖地震などで同様の被害が繰り返されているのが現実である。

木造住宅の耐震性の現状

住宅・土地統計調査（総務省、２００８年）によると、わが国の住宅総数は４９６０万戸、木造（防火木造を含む）戸建て住宅は約２５４０万戸となっている。

阪神・淡路大震災の被災経験から、１９８０年以前の木造住宅は耐震性が不十分であるとすると、その数は約47％、１２００万戸であり、これらのうち耐震工事を実施したものが約40万戸あることから、１１６０万戸と推計される。一方、中央防災会議の２００８年調査による推計値は、木造戸建て住宅約１０００万戸が耐震性が不十分としている。

いずれにしても、木造住宅のうち約１０００万戸以上が「耐震性が不十分」ということである。

建て替えの困難性

あるセミナーの講演で「防災対策の1つは、約一千数百万戸の老朽木造住宅をすぐ建て替えることである」と説明があった。これに対し、国土交通省の住宅５カ年計画の総戸数は約３５０万戸と記憶していたことから、「いつまでに、どういう構造でつくるのですか」と質問したところ、明確な回答は得られなかった。

建て替えの難しさを試算する。２００８年の住宅着工統計によると、住宅の着工戸数は１０４万戸で、そのうち木造住宅は50万戸となっている。このペースでの建て替えによる耐震化は20年かかることになる。

では、約１０００万戸の住宅を木造で建て替えるとすると、どうなるか。住宅・土地統計調査によると、持家の1戸あたりの平均住宅面積は１２８・１平方メートル、１０００万戸の住宅の総面積は12・8億平方メートルとなる。日本住宅・木材センターの「在来工法木造住宅の木材使用量調査」のデータによって試算すると、木造軸組工法住宅と２×４住宅が平均して建てられると仮定し、木造床面積あたりの木材使用量は、０・１８２立方メートルとなり、１０００万戸の住宅の建て替えに要する木材量は、約２・３億立方メートルとなる。

一方、農林水産省の資料によると、２０１２年度の木材の総需給量は約７０００万立方メートルで、そのうち製材用材は約２６００万立方メートルとなっている。建築関係に使用されるものが約８割、さらにそのうち住宅に使用されるものは９割の約１９００万立方メートルとなっている。

通常の木材需給ベースでいくと、１０００万戸の住宅を建て替えるには10年以上かかることとなる。

その費用は、住宅着工統計から推計すると、木造建物の工事費は1平方メートルあたり15万6０００円であり、総額は約２００兆円となり、国家予算の2年分以上が必要である。とうてい不可能である。耐震補強によるしかない。

耐震補強の遅れ

国は「建築物の耐震改修の促進に関する法律」に基づき、１９８０年以前に建設された住宅の耐震化を進めるため予算を計上し、耐震診断や耐震補強への補助制度の導入を自治体に促している。しかし、２０１０年現在、市町村で助成制度を設けているのは耐震診断が70・８％、耐震補強が54・７％にとどまっている。導入が進まない理由は「市町村の財政難」「技術者の不足」ということである。

また、助成制度が設けられている市町村でも、耐震診断は多く活用されて申し込みが多く、抽選による場合や予算を増額している市町村も見受けられるが、補強工事は申し込みは少なく、予算を余らせている事例が多い。

木造住宅の耐震化に向けて各種施策を展開している和歌山県の事例でみると、２００４～２００７年の予算消化の実績は、耐震診断では戸数、金額ともに約50％であるのに対し、耐震改修工事は、わずか約18％にとどまっている。

このことは、耐震性が確保されているから耐震改修の必要性が少ないということではなく、①高額な費用（１００～３００万円程度）がかかるから（補助は３分の１、上限あり）、②いつ起こるか分からない地震に対する不安感・切実性が乏しい、③耐震改修の効果がよく分からない――などが考えられる。

このほか、所得税などの減税や住宅金融公庫などの融資制度も設けられている。しかし、いっこうに進んでいないのが現状である。

耐震化の促進の動向

補強方法については、数多くの工法や装置が開発されており、東京都のパンフレット『安価で信頼できる木造住宅の耐震改修工法・装置の事例紹介』には、それらが体系的に整理して載せられている。しかし、耐震補強に対する公的助成は、「木造住宅の耐震診断と補強方法」に基づき、評点１・０以上の基準強度を満たすことを条件としている。このため、改修内容が広範多岐に及び、多額の費用がかかり、耐震改修の必要性は理解されても実態は進んでいない。

このような状況をかんがみ、日本住宅・木材流通センターでは『既存木造住宅の耐震性向上のための手引き――中山間地域をモデルとして』において、完璧な耐震改修をするか、何もしない

■ 木造住宅の耐震補強工法

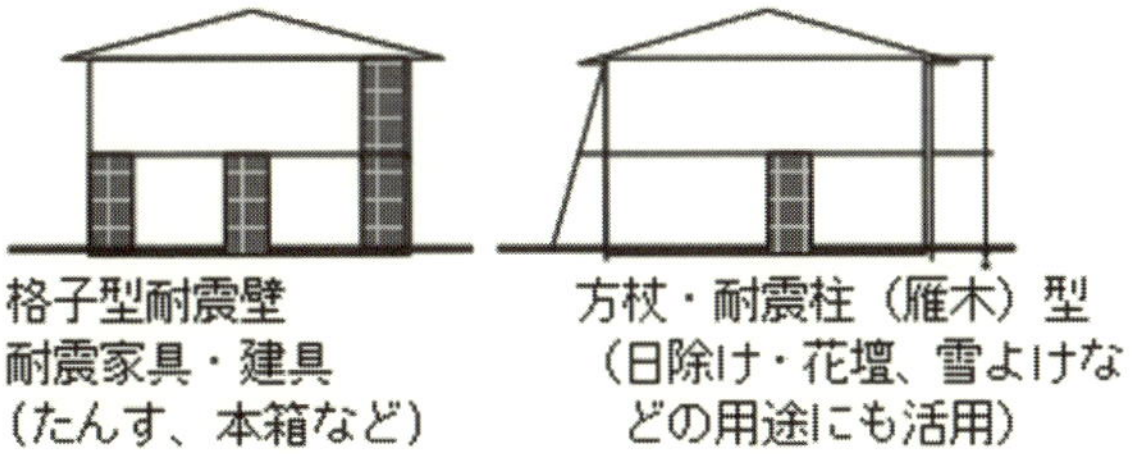

かの二者択一でなく、実現可能なところから耐震性を向上させるという、段階的な耐震性向上手法を提案している。

　また、新潟県では２００９年、地震時に迅速な避難が困難な高齢者などの安全の確保、住宅再建手段として有効な地震保険などへの加入を促進するため、「木造住宅部分補強・地震保険等加入促進事業（モデル事業）」をスタートしている。これによると、耐震診断の結果、上部構造評点が０・７未満と診断された住宅について、人命を確保することを目的に寝室や居間など（１階に所在）を中心に補強を行い、評点０・７以上とする工事などを助成対象としている。

木造住宅の耐震補強促進の一方策

　補強の仕方として、①居ながら補強できること、②居住環境を維持すること（開口、通風など）、③安価に施工できること、④段階的に自ら補強レベルを向上できること、⑤必要に応じそれらが日常的にも有効に活用できること――などを念頭に、前述のような背景を踏まえて提案する。

　第１段階では、上部構造評点が０・７以上となる応急的補強と耐震ふすま、耐震家具・本棚などによる補完的対応を施す。材料には、環境問題に配慮し、間伐材など木材を使用する。第2段階にほかの大規模修繕などとあわせて１・０以上に補強する。

京都議定書（ＣＯＰ３）では、日本は１９９０年比６％のCO_2削減義務が課せられた。このうち３・８％を森林吸収で担うとしているが、これには、新規植林や間伐《かんばつ》などにより、持続可能な方法で森林の機能が維持されているものという前提がある。地球温暖化対策推進大綱（２００２年）では森林による吸収量として１３００万炭素トン（３・８％）の確保のため、間伐の実施を掲げている。

このような流れの中で、２０１０年には「公共建築物等における木材の利用の促進に関する法律」が制定された。間伐材などの木材を利用した簡便な耐震補強工法が時宜《じぎ》を得ている。さらに、これらの推進には、建築士や大工、工務店などの技術者による耐震化支援組織や行政との連携のもと、地域住民などを巻き込んだ耐震補強促進にかかるネットワーク組織などを設けることも必要である。

危機管理推進都市

安全安心のまちづくりは、自然リスク、人為的リスクをできるだけ受けないよう、まちづくりをすることである。

自然リスクには活断層、津波、地盤、斜面災害、インフラリスク、火山などがあり、人為的リスクにはテロ、サイバーテロ、戦争、事故などがある。

わが国は、国内対応として少子高齢化、人口減少、高齢者の割合が高くなるという課題の中で、国際的には多数の外国人が出入りするグローバル社会の中で、まちづくりを進めなくてはならない。

戦後の大地震が少なかった60年間に高度成長をとげ、海や沼の埋め立て、低地や軟弱地盤地の活用、斜面地の造成などを進めながら、かつて人間が生活していなかったところに住宅、事務所、工場などを建設し、まちづくりを行い、明治以降増大する人口を吸収し発展してきたのである。

発展のためにはインフラの拡大は必要条件であったが、このインフラの維持管理・更新が大きな課題の1つである。長い間に伸びきったインフラをどう更新していくか、まちづくりをどうするかが課題としてあげられる。また、モータリゼーションの発展にともなう、まちのドーナツ化現象や中心市街地空洞化対応も課題である。安全安心のまちづくりをハードの手法のみで対応することは不可能なことは十分に理解されていて、各地でソフト対応のまちづくりが進んでいる。

首都直下地震や東海地震、東南海地震、南海地震の3連動地震などの国家的危機への対応に必要な3要素は防災、減災、レジリエンス（回復力、復元力）といわれている。日本ではレジリエンスは強靭《きょうじん》化と超訳されるが、国連の定義では環境の変化に対応するとともに、突然の危機に耐え、以前の状態に回復する、あるいは危機を契機に構造改革を遂げ、新しい状態を創造する能力とされている。

首都直下地震や3連動地震が起きた場合、３５００万人余が生活している首都圏が壊滅し、日本の産業が集中している太平洋ベルト地帯に甚大な被害が及ぶ。首都圏には政治、経済はもとより、産業、文化、教育、福祉、行政、司法、マスコミ、情報などあらゆる機能が集中している。首都機能をバックアップする副首都構想が検討されているので、紹介する。

副首都の建設構想は単に危機管理のみならず、中国に抜かれて世界第3位の経済規模に転落した日本が、海外からヒト、モノ、カネ、技術などを吸収し、大きく蘇生・発展していくための起爆剤ともなりうるものでなければならないという、新しい国家戦略（ＮＥＭＩＣ構想）を提起している。

危機管理推進都市の推進母体は危機管理都市推進議員連盟である。連盟は２００５年４月６日、当時国会最大の３６２名の超党派の議員が参加して設立総会をもった。その発端となったのは、２００５年１月27日衆議院予算委員会の第１日目の総括質疑で、石井一民主党副代表が小泉純一郎総理に質問し、小泉総理から「面白い」との前向きな答弁を得た時点に起因する。議員連盟は現在も活動を継続している。

議員連盟の勉強会は、２０１０年11月以後、２０１１年８月８日までに21回行われている。議員連盟の勉強会をサポートする一般財団法人危機管理推進会議（代表理事　石井一）が２０１１年８月に設立された。

副首都を大阪に

ＮＥＭＩＣ構想とはNational Emergency Management International City構想の略で、極度の一点集中状態にある首都東京に大災害、大規模なテロや核攻撃などが発生した場合に備えて、国家機能の大規模な麻痺《まひ》を回避するため、バックアップ機能をもつ副首都を大阪に建設する構想である。また、躍進する東アジア諸国に流れつつあるように見受けられるヒト、モノ、資金、情報の流れを日本に受け止めうるような超近代的危機管理国際観光都市建設プロジェクトを進めていくことにより、東の東京、西の大阪の二眼レフ型の安全・安定・躍進型の日本再構築の礎《いしずえ》をつくろうとするものである。

１　計画概要

副首都は官邸と直結し、さらに47都道府県とも直結した中枢的危機管理機能をもつ。

・危機管理中枢

ＦＥＭＡ・ＪＡＰＡＮ（国家緊急事態管理庁）の本部を東京とともに関西にも設置。緊急事態の予測、情報収集から、危機発生時には、全権限をもって救援活動を行う。

・重要インフラの保護

国家情報セキュリティーセンターと民間のＩＳＡＣ（Information Sharing and Analysis Center

＝情報共有・分析センター）の協力体制により、情報やネットワークのバックアップ機能を備える。

・立法・行政・民間企業のバックアップ

緊急時には、東京の立法・行政機能を瞬時にバックアップする（平常時には各省庁の関西支部の集積と国際会議場の機能を果たす）。また、民間の経済機能のバックアップ機能をもつ。

・不燃・免震、核シェルター

不燃・免震構造などを徹底することにより、震災に強い都市システムであるほか、戦争やテロに対しては大深度・中深度地下１００カ所にシェルターを設ける。また、早急に復旧できる都市構造をもつ。

・物流・地域エネルギー

物流拠点を設け、救援物資の貯蔵・中継・分配を行うほか、地域エネルギーシステムを整備し、災害時においても独自でエネルギー供給ができる体制をとる。

・最先端医療の集積

最先端医療の研究所・病院を設置し、災害時の救護やエマージングウイルスに迅速に対応する。

・場所

現在の大阪国際空港（伊丹空港）の跡地を活用

2　時期

２０１１年度に始まる一両年度中をスタート起点とし、第１期５カ年計画で全構想を一気に立

■ＮＥＭＩＣ・大阪副首都構想イメージ

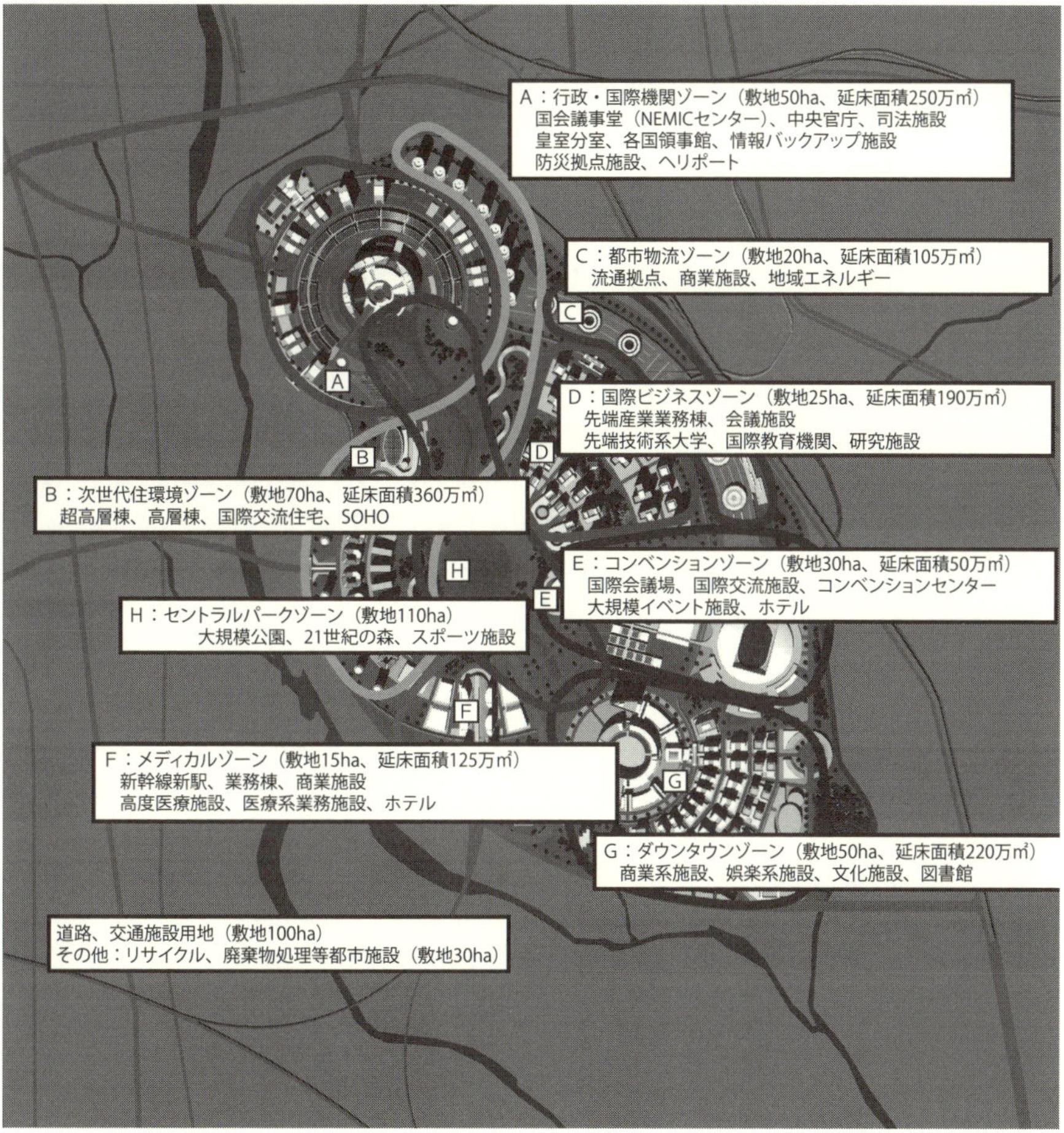

出典：『副首都建設が日本を救う』
編著：国家危機管理国際都市建設推進検証チーム
発行：Ｊリサーチ出版

ち上げる。第２期５カ年計画で補完的積み上げをなし、全体として10カ年計画で完成予定。

３　人口

夜間人口５万人、昼間人口20万人を想定

４　地域の構成

全体敷地約５００ヘクタール（周辺の公用地、未利用地を含め）
道路、公園（森林緑地）約２４０ヘクタール（セントラルパーク造成）
居住地面積　約２６０ヘクタール
延べ床面積　約１３００万平方メートル

５　アクセス

・新幹線
　すぐ近くの約３キロメートルの距離を通る現在の新幹線に新駅をつくって接続。
・高速道路
　名神高速道路の支線がすでに大阪国際空港（伊丹空港）に接続済み。
・国道１７６号線
　ただちに使用可能
・国が計画中のリニアモーターカー（磁気浮上鉄道）の東京―名古屋（１次）、名古屋―大阪（２次）間の一挙同時着工を促す。

6 エネルギー

太陽光、風力、波動発電などのクリーンエネルギー、スマートグリッドによる電力供給により、環境に配慮した都市をめざす。

7 建設投資

中央官庁の代替施設建設および道路、公園などのインフラストラクチャーは国庫負担。ほかの部分は原則として民間や海外からの投資を誘致してまかなう。

都市に求められる災害抑止機能とは

ＮＥＭＩＣの理念を実現するために、当然、新たに建設される副首都自体が自然災害・人的災害の抑止機能をもっていなければならない。

わが国は、よく知られているとおり世界有数の地震大国だが、火山の噴火にともなう溶岩流、火砕流、噴煙による災害、モンスーン気候がもたらす風・雨・雪などによる気象災害のほか、木材や紙材など伝統的に可燃性物質でつくられる家屋の火災など、地理的・土着的な要因による多様な災害が実に多く発生している地域である。

また、近代先進国家として高度経済成長の過程において公害、交通事故はいうに及ばず、急激な宅地開発などで保水力のある緑地がなくなることで生じる洪水や、ヒートアイランド現象など、都市化が進むことによる弊害も大きくなっている。

建築的手法による安全安心システムについては、おおよそ構造躯体の材料的・部材的・架構的な性能を強化することに帰結するといえる。材料的および部材的観点でいえば頑丈で粘り強いこと、熱や化学物質に強いことなどがあげられ、架構的観点でいえばうまく支え、うまく力が逃げる構造体であること、接合部などに無理な力がからないこと、あるいは変化を許容するある一部分に力を集中させることなどがあげられる。

また、建築構造物単体での安全安心システムについては、地震国であるわが国では多くの研究者と実務者による技術の鍛錬が繰り返され、その技術力は世界有数のものとなっている。

都市工学的・都市計画的な見地からの安全安心システムについては、それを構成する建築構造物1つひとつの安全安心システムの集合体ととらえ、応用するべき部分がある一方、都市計画特有の課題についてさらなる対策を検討する必要がある。

そこで、危機対応策を危機の発生から時系列的に次の3段階のフェーズに分解し、それぞれのフェーズごとに求められる技術項目を検証する。

・フェーズ１　危機発生時
・フェーズ２　発生から一時避難
・フェーズ３　復旧・復興対応

フェーズ1　危機発生時における安全安心システム

危機発生時にまず求められることは、人命の確保は当然として、建物の機能を継続することである。どのような状況にあっても建物本来の機能を途切れることなく継続し、危機に対応することが肝要である。その手段として構造体の破壊を防ぎ、建築物の損傷を最小限にとどめることである。

阪神・淡路大震災において、死者の大多数が構造物の倒壊による圧死であったことが報告されているが、このことは構造物の破壊を極力食い止めることができるなら、死者数およびその裏にある膨大な負傷者数を大幅に削減することができるということを意味している。

それに加えて、建物機能が継続（資産の確保も含まれる）できれば、その後のフェーズで求められる避難・復旧・復興においても、必要となる物資・作業量を少なく抑えることができ、早期に通常生活に戻ることが可能となると考えられる。

地震に限らず、火災・風水害などにおいても、人命の安全と資産の保全が確保できる空間をつくることはきわめて重要なことであり、それらが万全に機能するとき、たとえば過去に洪水に至ったほどの雨量が観測されても、洪水になりえないように、危機の要因となる事象が発生したとしても「危機」にさえ至らない場合もある。

(1) 地震対策

特徴

・発生する地点・時期（時刻）を予測することはきわめて困難

地震大国であるわが国において、地震研究についても世界に冠たるレベルに達しており、地震予知についてもさまざまな研究がなされているが、地震発生地点・時期をあらかじめ推測することは難しい。

・災害の及ぶ範囲が広く、かつ一瞬に拡大する

火災などの災害に比べ、災害の及ぶ範囲が格段と広く、またその伝播《でんぱ》は非常に速い。すなわち、災害発生の確認とほぼ同時に被災という状況になる。さらには、電気、ガス、水道や交通網などのインフラ寸断によって建物機能や都市機能が瞬時に停止し、その復旧に多大の費用と期間を要する。

・2次的な災害が発生しやすい

揺れることによる直接的な被害、たとえば車両の転覆、高所からの転落のほかに、火災の発生、地滑り、土砂崩れ、津波など、地震に起因するさまざまな災害が起こる。先の東日本大震災による津波、福島第2原子力発電所事故が近年の代表的2次災害である。

・揺れそのものは長くとも数分であり、長時間継続しない

ほとんどの地震の場合、はじめの揺れが最大、かつ最長であり、継続時間は数秒から長くても数分であることが多いが、不意に襲われるために、揺れの最中に行動することは難しく、その場にとどまることしかできない。

地震は予期せず広範囲に起こるので、あらかじめ発生が想定される地点から逃れたり、地震が発生してから揺れから逃げるなどということができない。地震が発生したら、その場でその揺れを甘受するしかない。偶然であっても地震発生の瞬間、耐震性に劣る建物の中や周辺にいたというだけで、被災する確率は格段に上昇する。いいかえれば、どのような場所でも、その数分間の

危機的な状況と繰り返し（余震）を忍ぶことができる震災対応システムが整備されていたならば、その都市は地震に対して安全安心度が高いといえる。

対策技術

・耐震技術：地震動を正面から「受け止める」技術
・免震技術：地震動と「縁を切る」技術
・制振技術：地震動を「受け流す」技術

(2) 火災対策

特徴

・燃焼物、酸素の供給、高温の3要素が発生の要因

この3要素がすべてそろっていないと火災は起こりえないが、裏を返せばこのうちどれか1つを取り除くことが、防火あるいは消火につながる。具体的な消火活動（消火設備による初期消火、消防隊による本格消火）は供給酸素の低減（泡、不活性ガス）や、冷却（放水など）により行う。また、建物の内装不燃化により可燃物を低減して火災成長を抑制する。防火区画を設け、隣室への熱移動の抑制、延焼の防止策をとる。

・災害の進展と対策が同時に行われる
・熱による被災のほか、煙による被災がみられる
・災害の規模が時間とともに拡大する

・火災旋風　燃焼系災害の最も恐ろしい形態

対策技術

・火災に対する建築的対策は予防・予測が一定のレベルで可能

(3)風水害対策（ＮＥＭＩＣの敷地は内陸であるため特に検討をしていない）

特徴

・季節性が高い

・一定レベルの予報が可能

・見た目のピークと実際の災害発生タイミングがずれる場合がある

・災害予測に基づいた計画的な施設整備が課題となる

対策技術

・河川洪水予測システム

・地下貯水システム

(4)その他の災害対策

・電磁波テロによる災害

・ＮＢＣ災害（Ｎ：核兵器、Ｂ：生物兵器、Ｃ：化学兵器）

フェーズ2 危機発生から一時避難するときにおける安全安心システム

フェーズ1において、まず求められたことは人命の保護であり、その対策が万全であるならば「危機」にならない可能性があるが、現実に完全に達成することは難しく、また、完全に達成することを前提として災害対策を検討することは、現実論としてふさわしくないといえる。

(1)安全（大）空間の確保

わが国では都市部の一般的な避難計画において、一時避難、広域避難、収容避難の3段階での計画が練られている。

(2)避難経路の確保

・ユビキタスセンサーネットワーク技術など

フェーズ3 復旧・復興対応における安全安心システム

人命・資産が守られ、安全な避難ができたとき、危機対策の初期的対応はほぼ完了したといえる。しかし大きなダメージを受け、そのような初期的対応を十分にできない個所が発生することも予想される。大きなダメージを受けた個所を支えるためにも、活動可能な部分から一刻も早い復旧・復興が求められることになる。

(1)危機管理中枢機能の保全

(2)エネルギー・通信・交通の機能回復、代替機能発動

・マイクログリッドシステムの活用など

4章

chapter 4

公共建築を拠点としたまちづくり事例

復興まちづくり提案（気仙沼市）

ＬＬＰシビックデザインの安全安心まちづくり研究会のメインテーマのひとつである「港湾地区における『まちづくりのモデルプラン』」において、私たちは多くの時間を費やして取り組んできた。

そのモデルプランがまとまりつつあったのは２０１１年夏である。

その年の冬12月に、気仙沼市の「公募型・復興まちづくりコンペ」が募集された。

本研究会へ参加している筆者の所属する佐藤総合計画の東北事務所（西村明男所長、飯柴耕一ＰＬ）が中心になり、東北大学大学院の石田壽一教授と協働して、コンペ案の提出に至った。

本提案は選外となったが、最優秀案においては、海中のフロート型堤防案のため、実現性の評価など、さまざまな社会状況のなかで、２０１４年春現在、計画はスムーズには前進していないのが実情である。

本提案は、研究会が取り組んできた「港湾地区における『まちづくりのモデルプラン』」のコンセプトを継承発展している。

また、「企画プロデュース・まちづくり・建築づくり・コストを含めたマネジメント・ライフサイクル」まで見通して、多角的にバランスよく領域をカバーしている「実現性」と「完成度」

の高い提案となっている。

計画におけるケーススタディとしては、本書のテーマを象徴する提案書となっているため、現時点での集大成とした計画としておおいに参考になると考え、ここに、応募要項の抜粋と提案の大部分を紹介する。

気仙沼市魚町・南町内湾地区　復興まちづくりコンペ　応募要項（抜粋）

1　趣旨

魚町・南町内湾地区の復興再生

～港町気仙沼の顔＝漁船漁業・商業・観光・文化の拠点を目指して～

気仙沼市の魚町・南町内湾地区の歴史は、まさに復興の歴史といえます。

本市はこれまでに明治、昭和の三陸津波やチリ地震津波など、数多くの津波被害を受けました。また、当地区は、大正、昭和の2度にわたり火災に見舞われ、当地区の大半が焼き尽くされました。そして、この度の東日本大震災による大津波は、本市に最大級の悲劇をもたらし、漁船漁業・商業・観光・文化の中心である当地区にも壊滅的打撃を与えました。

震災前の当地区は、昭和大火後の復興により、港や道路など現在の街の骨格や旧魚市場が整備され、船主や廻船問屋の事業所が建ち並ぶ「屋号通り」や、「昭和モダン」と呼ばれる港町繁華街の雰囲気を伝える街並みが形成されていて、時代の流れのなかで姿を変えながらも、気仙沼の顔、中心市街地として、また気仙沼らしい港町文化の発信地として役割を果たしてきました。

また、海上の安全と大漁を祈願する神明崎の五十鈴神社や、気仙沼湾を往来する大島・唐桑への巡航船、波静かな内湾に何隻ものかつお漁船・まぐろ漁船が舳先を並べ停泊する風景、安波山からの内湾を見下ろす眺めは、気仙沼市民の原風景ともなっていました。

震災発生から３００日余り、市民生活は幾分落ち着きを取り戻しつつあるものの、多くの方が仕事を失い、仮の住まいで将来への不安を抱え、明日への希望を求めて生活しています。

このような歴史的な背景の中で、東日本大震災から、再度、立ち上がり、気仙沼のみならず被災地復興のシンボルとなり、内外の人々が集う賑わいのあるまちづくりが求められています。

この度、魚町・南町内湾地区の復興再生にあたっては、地域の人々と行政の協働で、その方向性を模索すると同時に、多くの方々のアイデア等を活用し、より幅広い視点から検討することが重要だと考えております。
そこで、本コンペを通じて、広くアイデアを募集することと致しました。
皆様の積極的なご応募をお待ちしております。

気仙沼市魚町・南町内湾地区をのぞむ

【参考】気仙沼市震災復興計画より（抜粋）

防災・減災の基本的考え方

本市はこれまで、海とともに暮らし、その恵みの中で多様な風土、文化を形成してきました。東日本大震災は千年に一度と言われる巨大津波を引き起こし、本市においても多くの人命を奪うとともに、相当数の家屋などの財産の流失や産業基盤の損壊など、未曽有の災害となったことを、私たちは重く受け止めなければなりません。

しかしながら、今回と同レベルの巨大津波のリスクに対し、防潮堤などのハードですべて対応することは、現在の技術では費用が極めて膨大になるとともに、地域を愛してやまない人々の生活様式や、風土、風景をも犠牲にせざるを得ないことが懸念されます。

　このような中で、今般、国の中央防災会議の検討においては、比較的発生頻度の高い津波（レベル１）と、今回のような最大クラスの津波（レベル２）の２つのレベルを想定し、最大クラスの津波高（レベル２）を想定した海岸保全施設等の整備については、費用や海岸環境及び海岸利用への影響等を考慮した場合、現実的ではなく、住民の避難を軸に、防潮堤などによる津波防護、土地利用、避難施設、防災施設などのハードとソフトのとりうる手段を尽くした総合的な津波対策が急務である旨の専門調査会の報告がまとまったところです。

　これらを踏まえ、本計画において想定する津波のレベル及び本市の防災・減災の基本的考えを次のとおりとします。

【本計画で想定する津波のレベル】

レベル１：津波防護レベル

　数十年から百数十年に一度の津波（人命及び資産を守るレベル）

レベル２：津波減災レベル

　レベル１をはるかに上回り、構造物対策の適用限界を超過する津波

　　（人命を守るために必要な最大限の措置を行うレベル）

【本市の防災・減災の基本的な考え方】

以上のことから、レベル1の津波においては、人命、財産を守るための海岸堤防等の整備を基本とし、レベル2の津波への対策については、住民等の避難を軸に避難ビルや避難道路の整備を図るなど総合的な減災対策を講ずることとします。居住地や居住階の条件は、津波においても生命を守れることを基本とします。

土地利用にあたっては、住居について職住分離を基本とし、地域コミュニティの維持・発展を図るための集団移転を促進します。また、中心市街地では一部住商混在を図り、産業エリアでは、避難ビルを併用した堅牢な集合住宅や工場などの高層階への居住について一部条件付きで許容することにより、まちのにぎわいを創出していきます。

今後、土地利用、避難施設、防災施設などを組み合わせて、とりうる手段を尽くした総合的な津波対策の確立を図りながら次の三つの取組を組み合わせた総合的な津波防災対策を進めることを本市の防災・減災の基本的な考え方とします。

○ 防災施設の整備
○ 津波防災の観点からのまちづくりの推進
○ 防災体制の充実

地区構想～魚町・南町地区

ア 復興まちづくりの基本的考え方

■事業活動の継続性に配慮した段階的な整備手法の検討

・魚町・南町地区は、古くから形成された港町を母体に中心市街地として発展し、生鮮店や飲食店、ホテル・旅館、問屋など、多様な商業・業務施設が集積した地区です。

・南町を中心として満潮・高潮時に冠水する街区があり、盛土による嵩上げ面整備が求められていますが、面的整備によって事業活動が制限されると、そのまま衰退するおそれがあることから、継続的な事業活動に配慮した、段階的な整備手法を検討します。

■まちの防災・減災機能の強化

・魚町・南町地区は気仙沼湾の最奥部（内湾）にあり、高潮や津波の被害を受けやすい地区です。

・古くからの港町としての接岸機能や港町らしさの有する開放的な海辺景観を重視して、防潮堤が設けられていなかったため、今回の震災では浸水深が3～7メートルに達し、津波や地盤沈下による冠水、浸水、流出物による損壊などの被害が生じています。

・防潮堤の整備や地盤の嵩上げが実施されない限り、同様の被害が生じるおそれがあります。

・一方で、港町らしさの有する開放的な海辺景観は、魚町・南町地区の重要な観光資源のひとつでもあることや、地元住民・事業者の方々にとっても愛着のあるものとなっています。

・このような港町の景観、風情を損なわずに、レベル2の規模の津波に対する安全性の確保を如何に図るべきか、地元住民・事業者の方々と一緒に、海からや市街地側からの見え方に配慮したレベル1対応の防潮堤の整備、もしくは地盤の嵩上げによる安全で活気のある住商混在のまちの再生を考えていきます。

・防潮堤の整備、もしくは地盤の嵩上げとあわせて、避難路や避難所などの充実と強化も進めます。

■街の歴史の継承

・本地区では、近代に建築された昭和モダンの趣のある歴史的建造物をいかしたまちづくりが進められてきましたが、津波により多くの歴史的建造物が全半壊する被害が生じています。

・市街地復興にあわせた個別建物の更新にあたっては、中心市街地活性化のため、このような気仙沼市固有の歴史的建築物によって形成されていた街並みの特徴を継承できるよう、地元の方々と一緒に形態・意匠などのルールづくりを進めます。

■観光・商業・飲食・文化の中心

・本地区が市の観光・商業・飲食・文化の中心として栄えてきた歴史を踏まえ、「観光都市」気仙沼の中でも最も集客力のあるゾーンを創出します。

イ 土地利用の方針

■商業・業務・住居複合系エリア

・本地区内での居住・事業継続を希望する方々の専用住宅、併用住宅、小売店などからなる安全で良好な市街地づくりを進めます。

・本地区の財産、人命確保のため、土地区画整理事業による地盤の嵩上げ、地区内全域を対象とした住宅立地制限の導入を図ります。

■住宅用途とその他の用途の平面的・立体的分離による居住空間の安全性確保

・レベル2の規模の津波に対して、防潮堤の高さや嵩上げの地盤の高さによって浸水被害が発生する恐れがある場合は、浸水する可能性が高い低層階部分を対象とした住宅用途の立地制限を図ります。

■小規模店舗・事務所、戸建て住宅の共同化の促進

・狭小住宅の住環境の改善、単独建て替えでは堅牢な構造への建て替えが困難な小規模店舗・事務所の解消などを目的とした共同建て替えを促進します。

ウ 道路・交通体系の方針

■フェリー発着場の早急な復旧

・大島航路などのフェリー発着機能回復のため、船着場の早期復旧を図ります。

2 対象地区

気仙沼市魚町・南町内湾界隈とします。

3 提案内容

本市では、東日本大震災により優れた自然景観や観光・物産施設のほか、体験型観光の目玉であった水産業など、多くの観光資源が被災しました。

しかしながら、交流人口の拡大による地域の活性化のため、観光産業の重要度は一層高まっており、世界遺産に登録された平泉との連携や、松島とともに海の観光地としての魅力の発信、被災地の教訓を生かした観光資源の発掘など、この震災を機に本市全体の観光戦略を再構築し、集客力の強い施策を継続的に推進することとしています。

今回コンペを実施する魚町・南町内湾地区は、市民のみならず近隣市町村の方々にとっても漁業、商業、文化の中心として思い出深い町並みであるとともに、気仙沼湾を訪れた観光のお客様にとっても、その景観は印象強く受け止められてきました。

この地区の新たなまちづくりは本市の観光戦略の中でも重要な位置を占めます。

本市としては、この地区について、港町の景観を生かした親水性の高い空間として再開発すること、海と港と食を基調とした商店街を形成すること、スタジオを併設したホールなど集客施設を備えたエリアを創出することなどを復興計画に盛り込んでいます。

特に食については、豊富な食材を活用した多彩なメニューを提供できる店舗が建ち並ぶ「食彩豊かなまちづくり」を具現化することにより、全国的にも注目を集める地区として整備したいと考えています。
魚町・南町内湾地区は、かねてから気仙沼市の顔であるとともに、三陸の港町の一大拠点であり、その復興を望む声は市内外から日増しに大きく聞こえてきます。

このような歴史と伝統を踏まえ新しくかつ斬新な発想も加え、被災からの復旧にとどまらず、創造的復興が成し遂げられるものと考えています。

魚町・南町内湾地区の復興は、気仙沼市復興のシンボルであり、ひいては被災地東北、岩手、宮城、福島の復興のシンボルであるとの思いを強くしています。

以上の趣旨をご理解いただき、提案の前提条件を踏まえ、魚町・南町内湾地区のまちづくり及び実現するための方策を提案して下さい。

また、提案説明書には、下記を記載して下さい。

①まちづくりのコンセプト

※必ず「防災・減災についての考え方」について記述して下さい。

②将来フレーム

・将来フレームの考え方

・人口、世帯数、事業所数

③将来構想（土地利用計画、道路計画、避難計画）

・土地利用の考え方

・道路計画の考え方

・避難計画の考え方

④実現化手法

※東日本大震災復興交付金制度（基幹事業（5省40事業）、効果促進事業）など、国が用意する既存制度から活用する事業メニュー、活用方法等について記述して下さい。

⑤事業スケジュール

※平成24年度から28年度までの5年間を概ねの期間として下さい。

提案の前提条件

①防災・減災について

「気仙沼市震災復興計画」に示されている基本的考え方を踏まえ、次の通りとします。

・レベル1の津波により浸水が想定される土地には、旅客船関連施設、水産関連施設、交流・レクリエーション関連施設、商業施設等以外の建築物は設けない。

・レベル2の津波により浸水が想定される土地に住宅等を設ける場合は耐浪化を図る。

・レベル2の津波により浸水が想定される高さには居室を設けない。

参考）・レベル1の津波とは、数十年から百数十年に一度の津波（人命及び資産を守るレベル…明治三陸大津波など）。レベル1に対して人命・財産を守ることを前提に「宮城県沿岸域現地連絡会議」が提示した本地区における防潮堤の高さは、TP＋6・2メートルです。

・レベル２の津波とは、レベル１をはるかに上回り、構造物対策の適用限界を超過する津波（人命を守るために必要な最大限の措置を行うレベル…今回のような津波）。レベル２を想定した津波シミュレーションによると、本地区ではレベル１対応の防潮提整備を前提としてTP＋7メートルで浸水なしと推計されています。

②現況地盤の復旧・嵩上げ

気仙沼湾における海面の満潮位と過去の潮位における最大変位などを考慮し、満潮位より約1メートル高いTP＋1・8メートルの高さを確保することを基本とします。

③道路配置

都市計画道路計画及び県道（図参照）を基本に提案して下さい。ただし、必要に応じ、廃止・見直しを提案できるものとします。

④岸壁の利用

「気仙沼漁港利用計画」（139ページの図参照）に基づき計画して下さい。

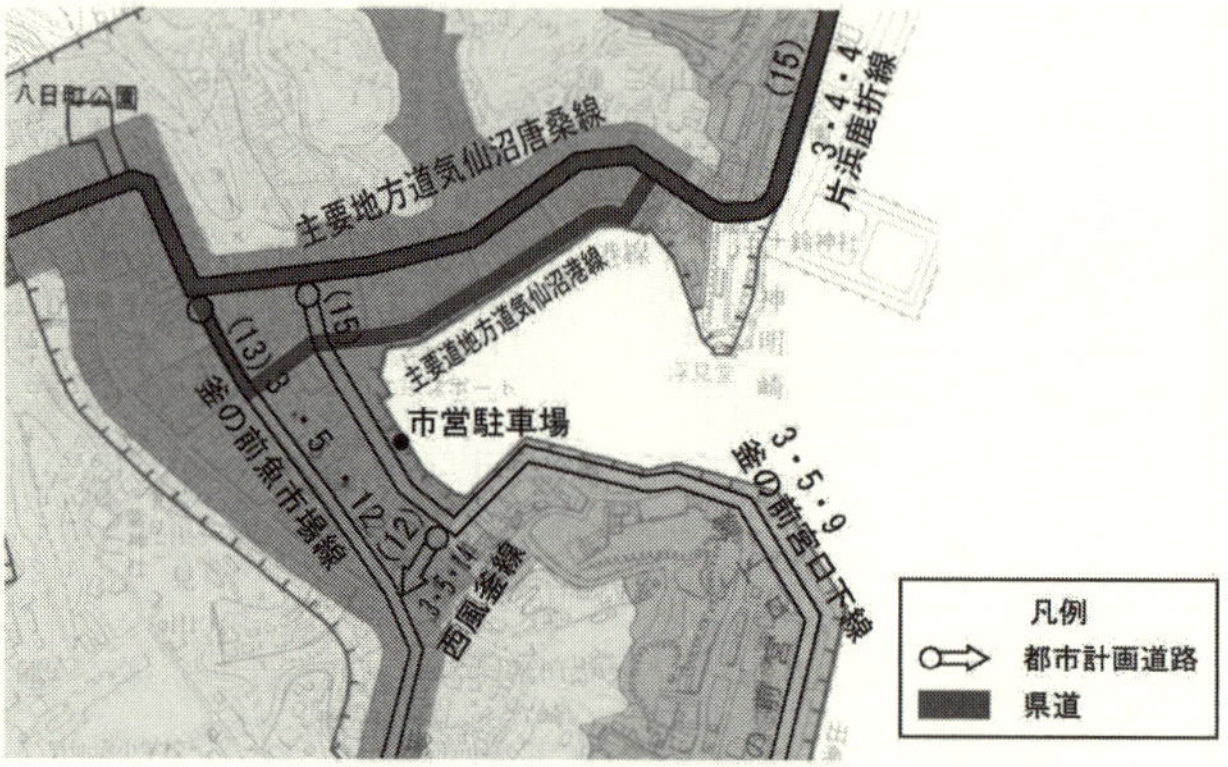

資料：都市計画道路計画及び県道　出典：「都市計画図」

資料：「気仙沼漁港利用計画」より編集

ただし、主に20トン未満の大目流し網船・いか釣り船・突きん棒船等が出漁準備などに利用している休けい岸壁、準備岸壁、その他の岸壁については、必要に応じ、他の用途への転換を提案できるものとします。

休　け　い：漁船により出漁と出漁の間に使用されるもの

準　　備：専ら氷、燃油、漁具、漁業用資材等を積み込むために使用されるもの

特定目的：当図においては、大島への旅客船・フェリー、観光遊覧船の発着場として使用されるもの

⑤将来人口

被災前居住者のうち約6～8割が区域内に戻ると想定し、また、新街区へ新たな移住者も想定し、人口フレームを提案して下さい。

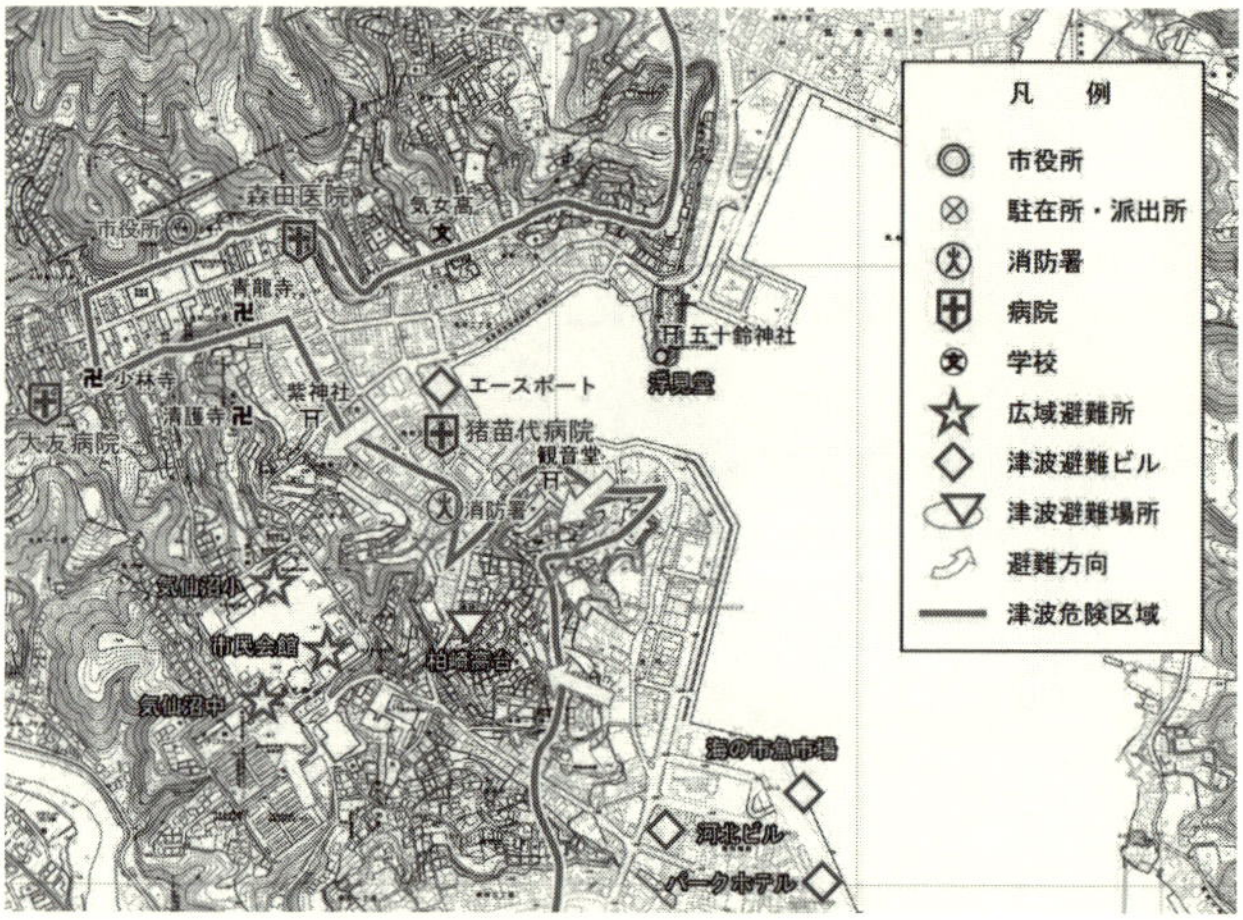

資料：「気仙沼市防災マップ」より編集

⑥避難計画

徒歩で5分、300メートル圏内に安全な場所に到達できることを基本に、避難路、避難所等を提案して下さい。提案にあたっては、「気仙沼市防災マップ」（図参照）を参考にして下さい。

⑦駐車場

旅客船等利用者を考慮した駐車場を200台確保して下さい。なお、被災した市営駐車場（エースポート隣）は解体を予定しています。その他に、地区全体で250台の駐車場を確保して下さい。

また、大規模集客施設等を整備する場合には、別途、駐車場を確保して下さい。

【参考1】市営駐車場（エースポート隣）の収容可能台数＝168台

【参考２】年間で最も駐車場が利用される日＝延べ３４２台数／日（ＧＷの日曜日 H23実績）

気仙沼魚町・南町内湾界隈まちづくり提案書

1 まちづくりのコンセプトと実現化手法

リアス型地形都市「ＫＥＳＥＮＮＵＭＡ」をつくる

気仙沼は、リアス型の特徴ある地形を持ち、海と山が近接した日本的な海岸線として景観の美しさに溢れ、海と高台が近い関係にある安全な地形でもあります。だからこそ人々はその美しく安全な土地を愛し、そして長きにわたり生活を発展させてきました。この地形こそ財産なのです。

この地形の特徴であるひだ状のかたちは、今までの都市にはない、「景観的な美しさ」「見合う関係がつくる強いコミュニティ」「自然と一体となったエコシティ」をつくることができ、私たちはまちづくりのかたちに「リアス型地形都市」として世界から注目される新しい都市モデル「ＫＥＳＥＮＮＵＭＡ」を提案します。

ここにしかない「KESENNUMA」のコンセプト

提案—１　「リアス型地形＝ひだ状のかたち」をまちの骨格にする

——「緑の丘」「リアスデッキ」「粗密のゾーニング」

風土に調和し無理なく増幅する姿勢が地域のコンセンサスを得られる都市ビジョンである。

気仙沼の財産である美しいリアス式海岸線の景観の魅力と地形による安全性を最大限に生かす。

提案—２　市の被災地全体で考える　新しい「地域型再開発事業」を考える

——実現性の劇的向上

どんなにすばらしい都市ビジョンも実現できなくては意味がない。魚町・南町だけでは難しい事業性を、市の被災地全体で考える新しい「地域型再開発事業モデル」で実現性を向上する。

提案—３　世界最先端の「スマートシティ」をつくる

——スマートコミュニティとスマートファクトリーの適材適所

世界が注目する復興の試みが、人を引き寄せ、産業を引き寄せ、まちに復興と繁栄を引き寄せる。

魚町・南町地域を豊かなスマートコミュニティが展開する住宅・商業ゾーン、南気仙沼地域をそれを支える産業や電力供給ゾーンとするスマートファクトリーとして、敷地特性を生かして役割分担を明確にした都市計画を行うことで、世界最先端のスマートシティを実現する。

■ 魚町・南町の復興イメージ

提案──1　「リアス型地形＝ひだ状のかたち」をまちの骨格にする

──「緑の丘」「リアスデッキ」「粗密のゾーニング」

美しさ・防災・減災を自然に実現する「リアス地形型都市」

「リアス型都市モデルの空間構成＝織込み型帯状発展堤防都市」における基本的な都市の骨格は、地形をつくる視点から考えます。リアス型地形はひだのようにくびれが多いことで、どの視点からも陸地と海が両方見える景観があり、さらに千差万別の変化がある景観を生みだしています。また海近くに高台がある安全な地形です。私たちが目指すまちの骨格は、このリアス式海岸線の形態的長所を尊重して、「自然の高台」

「織込み型のかたち」「豊かな緑と温かいまちなみ」をつくるべく自然と人工を一体として地形を再構成し、それに呼応する都市機能を内陸部まで浸透させ計画する提案です。

そして地形によって防災安全性を十分に確保できるかたちをつくります。そのために津波を防ぐ「防潮堤」、安全な場所を確保する「高台」を丘のような地形の起伏によってつくり、災害時の機能維持ができる「インフラ（交通・エネルギーなど）」を高台の地盤下（津波の届かない高さ）に組み込みます。

また前記の防災の工夫により都市は安全安心を確保しますが、１００％の安全性を確保することは困難であり減災の配慮は不可欠です。そのために都市に残る災害の可能性がある場所、例えば海際の高さが低い部分などに対して、「安全な避難道路の確保」「近接する高台、もしくは津波避難ビル」「海が見える工夫」などにより、避難を容易にして減災を図ります。基本的にはどこからでも１５０メートル以内で高台の避難道路にアクセスでき、さらに想定外の津波のために避難道路からは３００メートル以内で津波避難ビルや安全な高台へと避難できる計画とします。

これら美しさ・防災・減災をすべて満足するまちのかたちを、「緑の丘」「リアスデッキ」「粗密のゾーニング」という３つの手法によるまちの再設定により具体化します。

手法―1　地形の再設定「緑の丘」　＝安全安心で美しいまちの地形を再設定する

魚町、南町は海から続く平坦な場所に生活圏が展開しており、高潮、津波の影響を避けることができません。水害を避けるためには、水の浸入を防ぐ必要がありますが、海岸線にコンクリートの防潮堤を安価で容易で国からの支援が受けやすいという理由だけで築いては、以下のような

■ 緑の丘の断面図

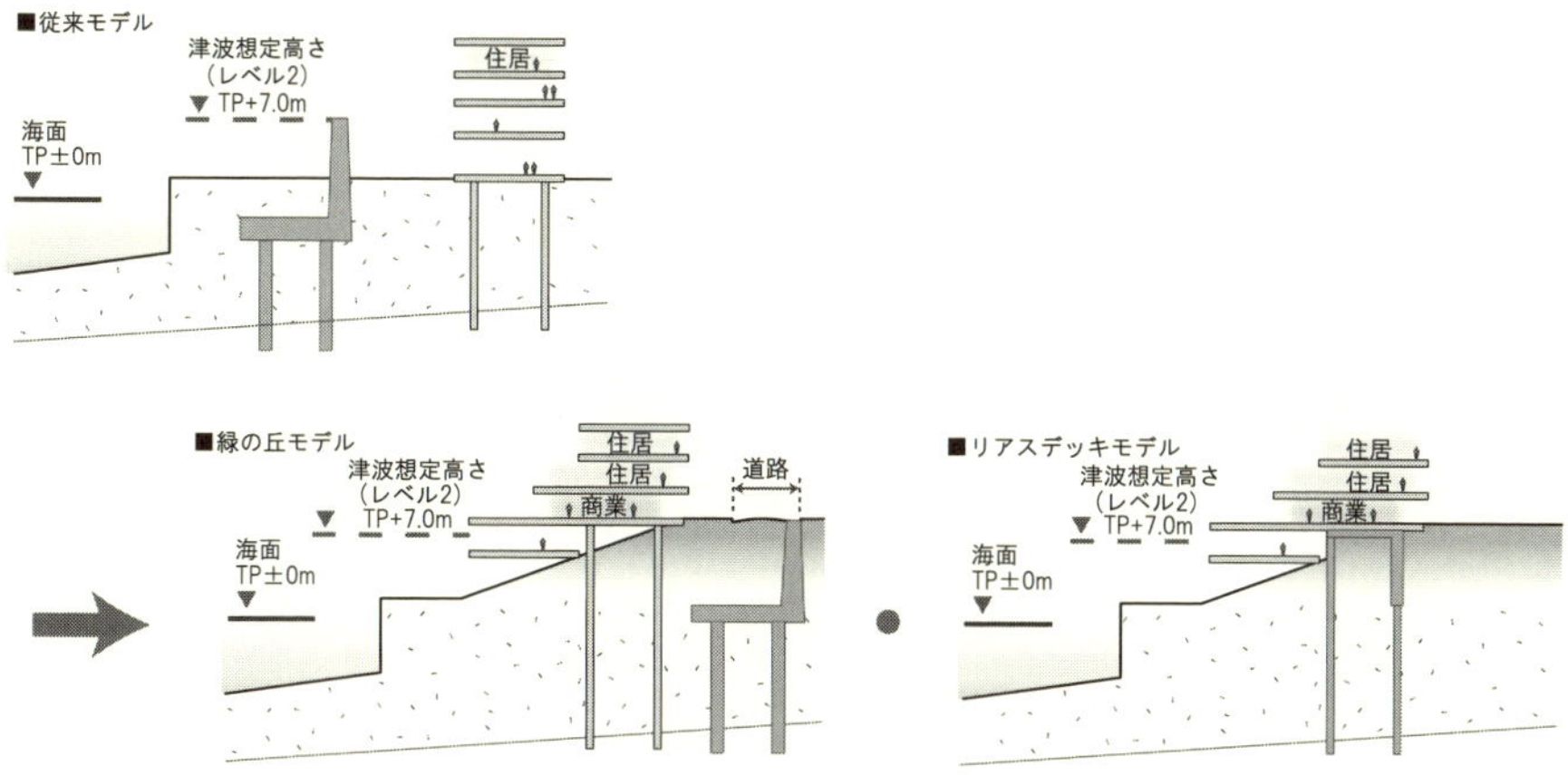

問題が発生します。

・海が見えない場所が増え、津波の状況が見えなくなり危険が増す → 安心減

・漁業活動などがしにくくなり漁港間競争に勝てなくなる → 産業減

・海から見た景観が人工的で美しくなくなる

→ 観光減

私たちは、防潮堤がこのような欠点を持つコンクリートの壁であることを避け、風土を継承した自然で安全な地形をつくる視点から、海と山の間に平坦な部分を備えた津波の届かない高さの「丘」を新たに形成することを提案します。「丘」は盛土や人工地盤でつくります。頂部の安全なレベルは道路、斜面はゆるやかな緑地として、緑あふれる丘のように景観に美しく呼応するかたちで整備します。

［実現への課題と方策］

防潮堤効果のある緑の丘建設には以下の課題が

ありますが、私たちはそれを現実的に解決する手法を提案します。

① 防潮堤としての十分な強度確保

緑の丘は単に盛り土するだけでは十分な強度は得られません。特に今回の敷地は地盤が弱いために、地滑り状に盛土は津波に破壊されます。そのため頂部の避難道路の構造をコンクリートで行い、周囲に緑の法面を計画した十分な強度の丘にします。（１４５ページの図参照）

② 建設面積が広く必要

コンクリートの防潮堤に比べて、平面的に広い建設スペースが必要です。私たちは、基本的に海岸線に並行にある道路を頂点として建設し（避難道路になります）、インフラを装備した人工地盤（リアスデッキ）を絡めて、公共施設やインフラの整備としての公共投資によって建設を可能にします。

③ 建設コスト

建設コストは、２００万円／メートルの試算となりますが、避難道路の建設と防潮堤の建設を複合することで公共にて建設します。また構造的に盛土は機能しないために、がれきの利用も可能です。

手法―２　海岸線の再設定「リアスデッキ」　＝港町の魅力満載のフィッシャーマンズワーフ

海岸線が入り組んだ大小でかたちづくられるリアスの湾のかたちのようなひだ状のデッキを、丘の頂上部のレベル（安全なレベル）から海に張り出すような人工地盤として計画します。これ

■ 復興の状況にあわせ、段階的な建設を可能にする「リアスデッキ」

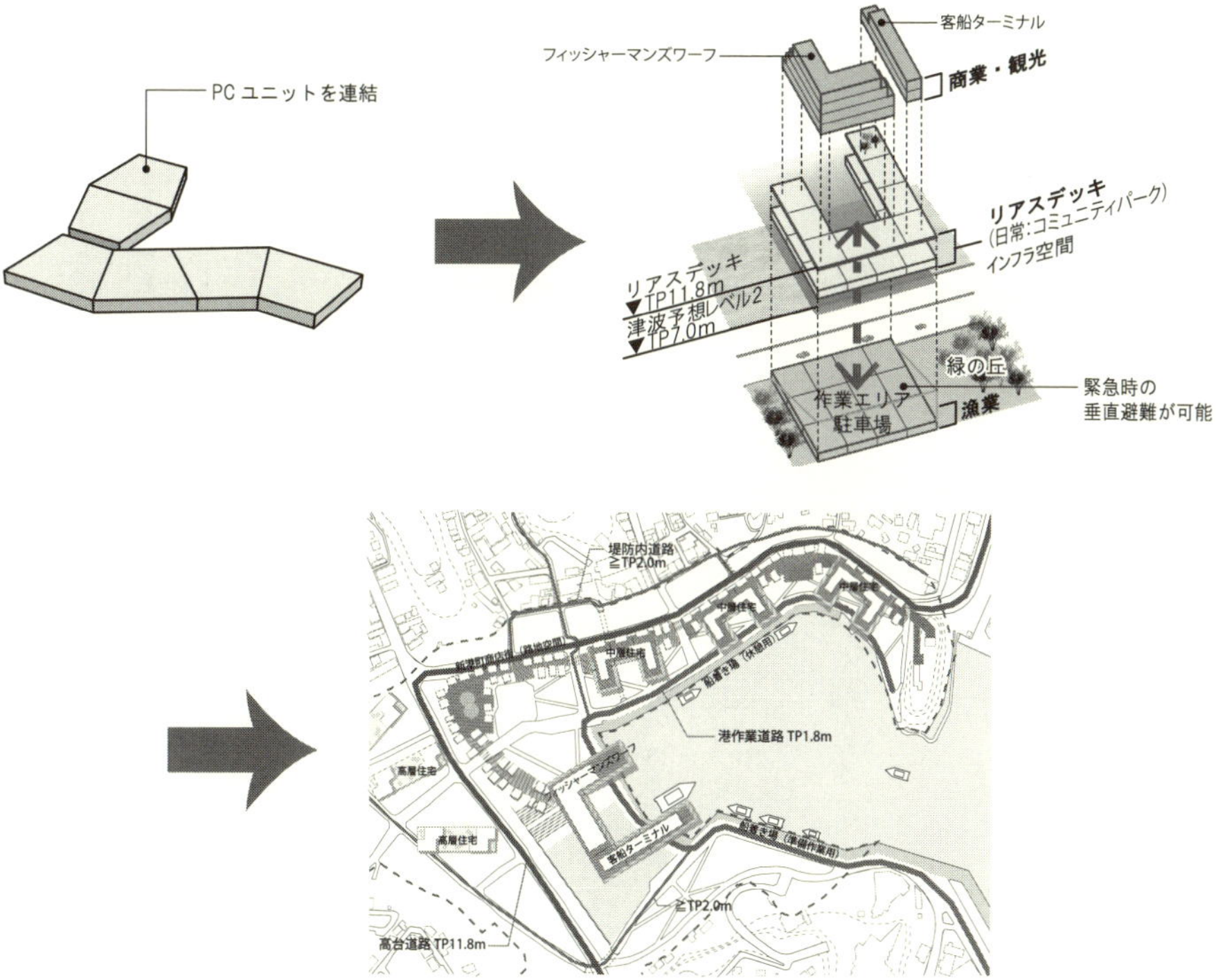

は、今までの都市のプロトタイプである街路と街区とは異なる新しいかたちであり、面としてのインフラルートです。そしてここに港町の魅力を満載したまち「フィッシャーマンズワーフ」をつくります。

「フィッシャーマンズワーフ」は、店舗などの商業施設が密度高く集まり、職住近接した港町の生活感あふれる木造中心のまちとして展開します。そして木デッキの歩行者専用の路地空間やひろばなどのパブリックスペースをつくり、にぎわいとコミュニティが展開する港町の歴史や原風景を継承したまちを再生します。

また、デッキはひだ状の形状の一部を埠頭のように海にせり出し、海に接した湾のような形状の場所に船着き場を計画することで、気仙沼湾内に活性化した水上交通網をつくり、舟運をまちの重要なインフラとします。この交通網の中心として客船ターミナルを位置付け、短距離から長距離まで展開します。

手法―3　街区の再設定「昭和路地と未来公園」

=粗密のメリハリゾーニングでまちを活性化する

気仙沼の町は「海と生きるまち」です。海の恵みや漁業を中心としたまちの展開を最大限に行うことが、気仙沼ならではの魅力的なまちづくりの基本となります。そして港町として賑わいあふれるまちづくりをしたいと考えます。しかしながら、現実的にこのような地方都市でそれを解決するためには、密度が低く分散して地域全体に人や施設が広がるのではなく、都市空間は人口と都市機能の密度を高くしてにぎわいを生み、その他の余白的な部分は徹底して豊かな自然環境を整備する、「まちの粗密のコントラスト」を強めることが必要と考えます。

(1)　昭和路地

魚町の海岸線に近い地域にリアスデッキを計画し、交通網の核となる客船ターミナル、店舗、住居など密度高く配置し集約した「フィッシャーマンズワーフ」を計画します。そこは密度の高い都市空間として、気仙沼のみなとまちの原風景である、集密的なにぎわいと人情味あふれる路

■ 昭和路地・未来公園

地的な空間「昭和路地」とします。それは、テーマパークのように意図的につくられたものではなく、人専用の路地空間に、間口を抑えた密度の高い店舗ゾーンを計画した、昭和の時代のような木造が密実に展開する空間とします。店舗をつくる人たちが自由につくりだすことで、より自然で気仙沼らしいまちへと、時間をかけて発展していきます。はじめは仮設店舗でもかまいません。時代に応じて人々が生きる情熱で、できる範囲で無理をせず自分の手で一人一人がまちをつくることが大切なのです。

(2) 未来公園

海岸線より少し奥まった南町地域は、商業は魚町のフィッシャーマンズワーフに集約して住宅地域とします。住宅は、浸水レベルより高い位置までピロティ化した中高層の集合住宅として密度の高い住空間を再整備し、周辺を自然あふれる公園「ビオトープ」として整備します。現在から未来まで、地域の風土に応じて変わらない、植物・昆虫・鳥等が自然な生態系を育みます。

提案―2　市の被災地全体で考える　新しい「地域型再開発事業」を考える
――実現性の劇的向上

新しい「地域型再開発手法」で住民が負担できる投資による事業計画を目指す

復興計画は、どんなに夢のある都市ビジョンを描いても、実現性がなければ絵にかいた餅にしかすぎません。実現のためには、復興プロジェクトに事業性が必要です。気仙沼における三日町三丁目第一種再開発事業のような再開発プログラムを基本として、魚町・南町地域に適用してみると、補助金を十分に活用して一街区で試算しても、住宅1戸当たり50平方メートルの住宅（２ＬＤＫ標準）のための自己負担額は概ね２０５０万円（従来型再開発手法）と、高額な負担が必要になります。これでは実現の見込みがありません。

一方事業性を向上させるために、魚町・南町地域に新規の産業を誘致することができれば、格段に実現性が高まります。しかし全国的な大手総合研究所に協力を依頼したヒアリングにおいて、東日本大震災での被災地に新規に投資する企業の関心は仙台およびその近郊（仙台駅や仙台空港から移動時間1時間以内程度）の石巻地域までは関心がある企業があるものの、気仙沼は交通の便の悪さから関心は極めて少ないのが現状です。

そこで私たちは新規企業の参入がなくても成立し、かつ事業性が高い開発を行うために、魚町・南町地域を一つの敷地としてとらえ、さらに南気仙沼地域を含めた事業として、極めて広域的な権利変換を行う「地域型再開発事業」を提案します。

手法―4 魚町・南町地域と南気仙沼地域をセットで一体に考える「地域型再開発手法」

＝南気仙沼や他地域からの集団移転を受け入れ１００平方メートルの土地の権利者が１０００万円で住宅取得

被災地の土地などの権利関係をまとめること、さらに権利変換することは極めて困難です。それは中には連絡が取れない地権者の方や、この地に残りたい人、出て行きたい人、自分の土地の場所に思い入れが強い人などさまざまな個別的な状況があり、これらすべての人々が１００％満足する再興は不可能だからです。

そこで、住民や関係者をまとめる組合を設立し、各権利をまとめて再配分する一般的な再開発手法を基本再開発とする手法に加えて、魚町・南町地域と南気仙沼地域を包括的に震災特区の指定を受け、全体の開発を一つの再開発として事業化します。その利点は、

①一部の地域での事業性の高さを全体で享受することができること
②全体的なまちづくりにおける住と商の適切なゾーニングに合わせた住民の地元への復帰が早期にできること
③新規参入企業がある場合の経済的メリットを全体で享受できること
④複雑な土地などの権利関係を特区によって柔軟にまとめることができること

などがあります。

なぜ南気仙沼地域を含めるかについては、南気仙沼地域は、津波に被災した住戸が約１０００世帯ありますが、大規模な敷地のかさ上げ、インフラの再整備が行われなければ住むことはできません。大変な時間とコストがかかると予測されます。鉄道の復興も見通しが立ちません。一方、

昔は塩田であった南気仙沼地域は、気仙沼には貴重な平坦で広大な敷地が広がり、産業展開には適しています。

そこで魚町・南町を「居住・商業ゾーン」、南気仙沼地域を「産業ゾーン」として特化し、居住環境の整備を魚町・南町地域で優先する地域全体を考えた再開発事業を行います。つまり南気仙沼の住民１０００世帯のうち８割が移転に同意するとして、８００戸の新規住民移転を確保できればこの地域の事業性が向上します。それを前提に事業計画を見直すと、１戸当たりの50平方メートルの住戸のための自己負担額が２０５０万円から１０３５万円に縮小改善できます。１００平方メートルの土地を持っている（資産価値を４５０万円と試算）地権者は、差し引き概ね１０３５万円（１４８５－４５０）で移転ができることになり、可能性が高まります。もちろんこの地が再興すれば、気仙沼でも一等地であり、資産価値は高まる夢もあります。

手法―５　事業性をさらに向上する新規参入企業の想定

事業性を高めるためには、新規に投資をしてくれる企業が参入することが効果的です。今回魚町・南町地域の住民が３４０世帯から１０７０世帯（３４０×０・８＝２７０＋８００）に人口が４倍になることで商業の事業性が高くなり、また南気仙沼地域を加えて考えることで、新規参入企業の関心を高めることができます。

⑴魚町・南町地域

① さかな教育産業

漁業を基本とした、漁師、水産加工、船舶関連、すし職人などの海産物を利用した調理などの関連する教育機関を誘致します。

② 観光産業

気仙沼には、美しい景観や大島などの観光スポット、さらにはふかひれ・かきなどの特徴ある特産食材など観光に必要な地域の財産があります。問題は交通の便の悪さと復興の見込みが不明確であることですが、既存の舟運ルートに、仙台・塩釜・松島・気仙沼・八戸などのフェリーのルートが充実すれば、リアス海岸線の回遊ルート（新幹線を含む）ができ観光に弾みをもたらします。また一関と気仙沼を結ぶＪＲが、新規に魚町まで延伸できれば、フェリーターミナルと直結し、さらなる交通の充実が図れます。その上で、宿泊施設・商業施設・ミュージアムなどの充実が期待されます。

③ 不動産産業福祉産業

海の幸が充実しており、農地も近傍に存在し、気候も大雪が少ない気仙沼は、老後も住みやすい環境があります。ろうけん施設の進出やケア付きマンションの分譲など、付加価値のある居住関連施設の開発の可能性を秘めています。それはとにかく復興と災害安全性の確保が前提となるため、早期の復興プロジェクトの立ち上げと、それに伴い同時並行で、関心を表明する企業との連携を模索することが望まれます。

(2) 南気仙沼地域

南気仙沼地域は広大な平地があり工業団地的な開発が可能です。そこを基盤にすれば新規参入企業も関心を持つ可能性があり、かつ新規参入に伴う人口の増加や雇用の創出による、移転住民の抑制も期待できます。南気仙沼の魅力は、特区として税制優遇措置が受けられる、広大な平地がある、住民が少ない、漁業の中心となる市場が近いなどのメリットにより以下のような新規参入企業の進出の可能性があります。さらに舟運（仙台港からの高速フェリー）や高速道路の整備が実現すれば可能性がさらに高まります。

そのため私たちは南気仙沼地域を含めて、提案―3のスマートシティ実現のための新規企業の参入を考慮した事業計画を提案します。さらに南気仙沼地域は、住宅に比べて多くの電力を消費する水産加工工場などが多く立地することから、南気仙沼を含めればスマートシティの電力供給事業進出に関心を示す大企業がヒアリングでも複数あります。

［南気仙沼地域の新規参入企業の想定］

① 自動車開発工場（EVの試走も含めたサーキット併設）
② 最先端生物化学研究所（大学・研究機関）
③ スマートグリッド事業
④ メガソーラー発電事業
⑤ バイオマス発電事業

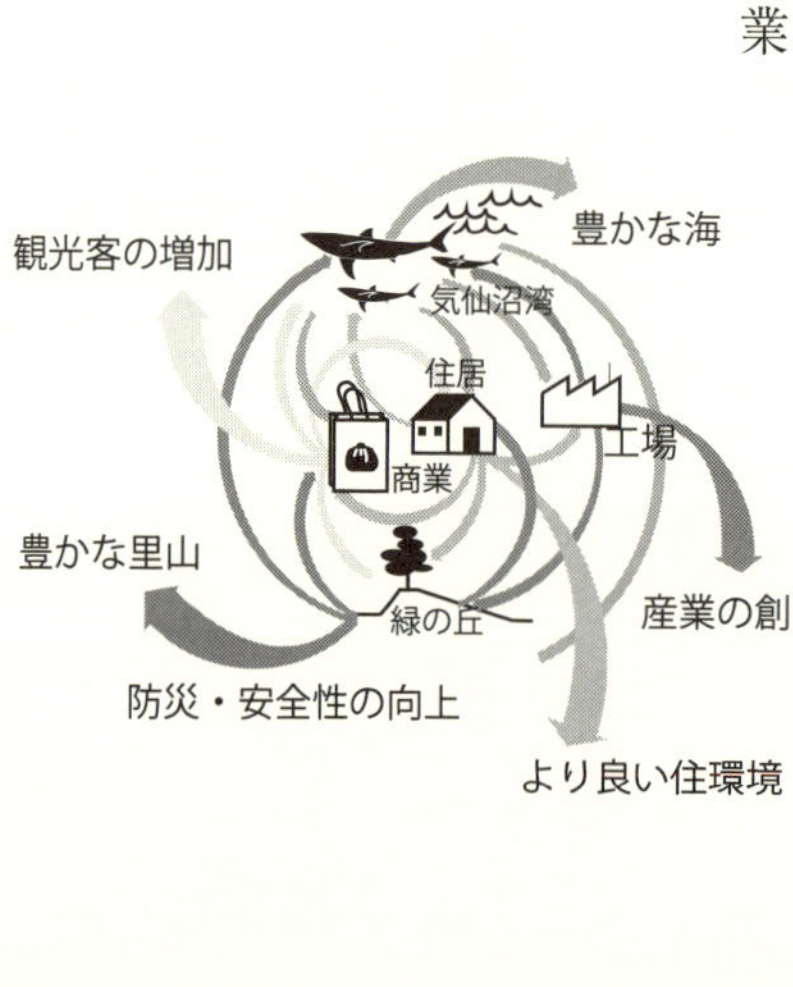

提案―3 世界最先端の「スマートシティ」をつくる
――スマートコミュニティとスマートファクトリーの適材適所

世界の注目を浴びる復興のシンボルとなる「スマートシティ」

震災前の東北地方の沿岸部の都市の状況は、過疎化、高齢化、人口減少、産業衰退など都市としての自立性に影が出始め、気仙沼も例外ではありませんでした。加えて交通の便の悪さや一次産業主体の産業構造が解決の糸口を見えにくくしていました。今回の震災に対する復興も、この問題を含めてとなると容易には解決しません。もし東日本大震災以前のまちに戻すだけの復旧を行うとすれば、危機的状況を病弱な状態に戻すだけとなりかねません。

気仙沼が本当の復興を実現し健全な発展ができるまちとなるためには、世界が注目する復興のシンボルとなる開発のビジョンと、強力な日本の中心的企業の参入が不可欠だと考えます。

手法―6 魚町・南町をスマートコミュニティ、南気仙沼をスマートファクトリーとする適材適所

震災によるエネルギー供給の遮断、また原発事故による電力供給のあり方に対しても、再考することが求められています。限られたエネルギーを無駄なく利用する、安全で地球の環境に負荷を与えない自然エネルギーや再生可能エネルギーを積極的に利用することが重要であり、世界的にもエネルギーのスマート化が注目されています。

新たな都市は、持続できるインフラを備え、さらに既存の漁業などの海の産業と連携する形で、先端的で効率的なエネルギーシステムを備えた世界最先端の環境都市、スマートシティにします。それは、単に都市インフラの機能的な問題を解決するだけでなく、この地に新たな産業を育み、企業を誘致し雇用を拡大し、さらには最先端とすることで、世界中からの注目を浴び、観光や視察に訪れる人々を誘引することが期待できます。人や企業が集まれば、まちに勢いが戻ってきます。

そのために魚町・南町地域は住環境として、エネルギーのスマート化を先進的に進めます。しかしこの地域の使用電力だけでは、スマートコミュニティを実践する新規参入企業の事業性としては魅力がありません。そこで南気仙沼の工業地域も含めれば、ソーラーやバイオマスなどによる発電事業やスマートグリッドによる電力提供事業に参入の関心がある企業が複数現れます。（大手総合研究所のヒアリングによる）

(1) スマートグリッド（電力提供事業）

スマートシティの電力提供事業を行う企業を誘致し、電力の直流利用拡大による新ネットワークを構築します。その事業として成立する規模は、概ね世帯数にして１０００戸以上といわれています。そのためにも、対象地域の約３００世帯に加えて、南気仙沼の住民の移転などにより、１０００戸を超える事業規模とすることは重要です。また、南気仙沼地域には、水産加工工場など電力を多く使う企業があることから、南気仙沼を含めたスマートシティを実現すれば、新規参入企業の誘致がより実現性を高めることができます。

そして各住宅には効率的な太陽光発電パネル（補助金が利用できる）、ガスコジェネレーションシステム（エコウィル）などを装備し、その電力を電力企業が買い取り、無駄なく効率的に運用します。

また電力提供企業は統括する世帯にＨＥＭＳ（ホームエネルギーマネジメントシステム）を普及させ、省エネ・節電を推進するとともに、電力ピークのコントロールや電気の有効利用を図りながら、適切な電力供給を行う新しい都市インフラを構築します。またこのシステムを備えた住居は、先端的な住環境となり、新しい時代のモデルになります。

［考慮点］

・太陽光発電した電力を最大限有効利用し、地産地消する。
・設備コストを削減するために蓄電システムは最小にする。（ＥＶ（電気自動車）利用なども考慮）
・最低限のライフラインの確保（照明と情報の確保）

■ 特区を活用した復興

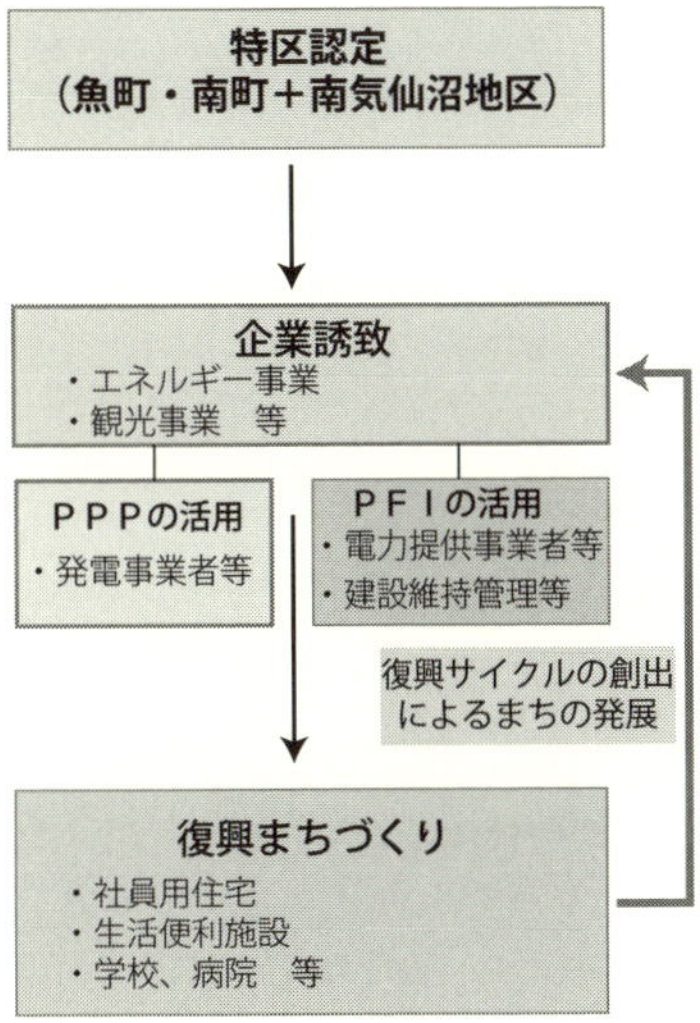

■ 魚町、南町＋南気仙沼地区における一体的なスマートコミュニティのイメージ

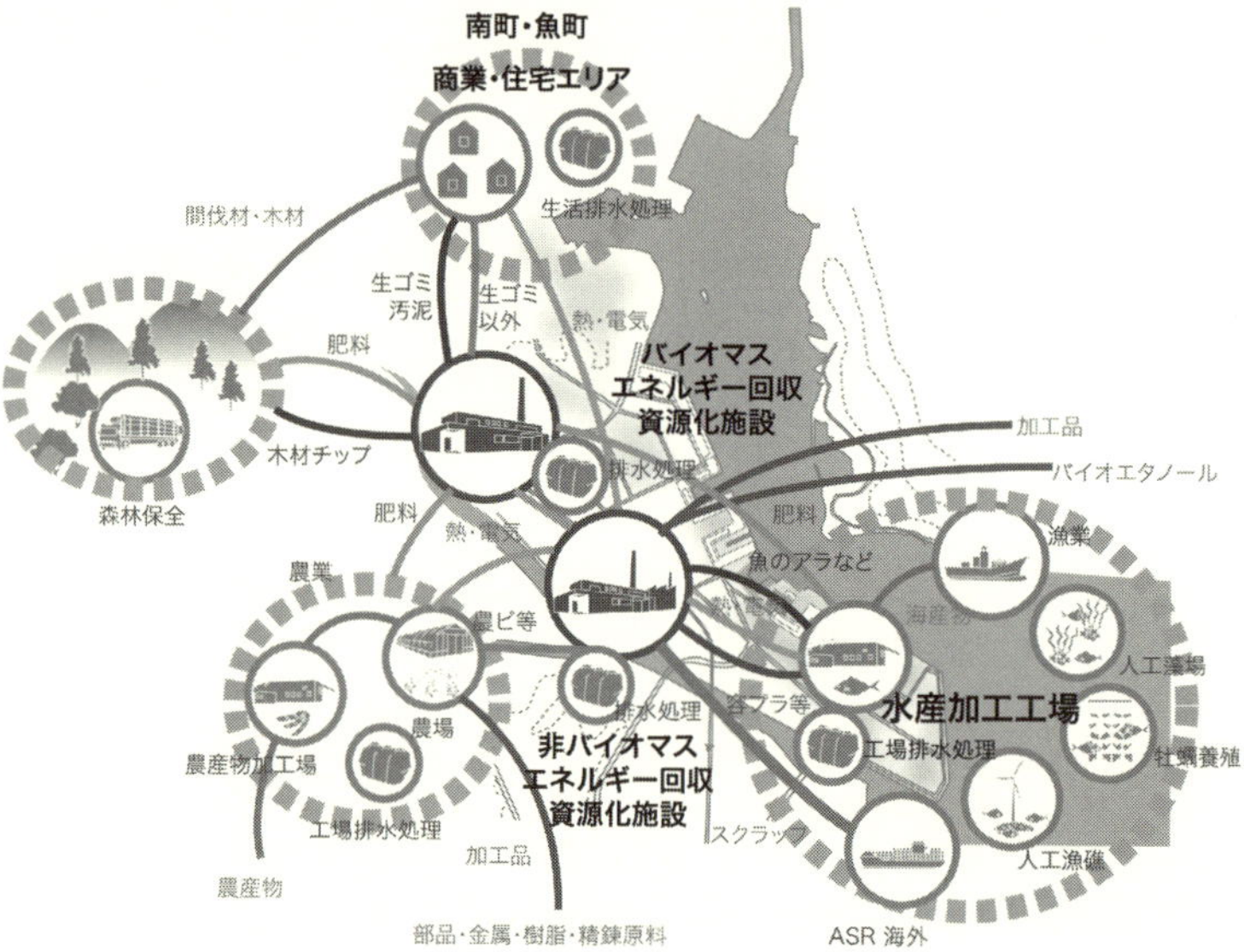

(2)エコロジカルな電力供給（発電事業者）

再生可能エネルギーなどを主体とした発電事業の誘致をします。そのために南気仙沼の工業ゾーンのまとまった電力需要が新規参入の条件となります。また発電所の建設は、魚町・南町の環境にはなじまず、南気仙沼が適所であり、さまざまなスマートファクトリーの集積も可能となります。

［再生可能な発電エネルギー］

・海洋バイオマス（藻のペレット化）
・風力発電（海洋、人工島など）
・木質バイオマス

2 将来フレーム

1―考え方

気仙沼を、ＫＥＳＥＮＮＵＭＡとして世界が注目する「スマートシティ」、そして多世代に魅力ある「アメニティシティ」に生まれ変わらせます。

その将来の気仙沼全体の都市構成を考えた時、魚町・南町地域は、船客ターミナルや港湾など舟運の要衝となることから、市の商業と業務の中心を担うことが求められます。しかしながら人口が減少傾向にあり、さらに震災による人口減少や住居の集団移転などの状況を考慮すれば、人口を成り行きに任せていては、この地域は衰退してしまいます。それを防ぎ、気仙沼発展のけん引役となる地域とするためには、新規参入企業、新規住民の流入（気仙沼市民・それ以外を含む）が不可欠です。そのために集団移転により、全体で２５００人程度の新規住民の流入を確保します。それに基づく人口・世帯数・事業所数のフレームを以下に示します。

2―人口・世帯数・事業所数

１６０ページの図のとおり、震災前の人口から予測できる人口カーブは実線の折れ線のようになります。そして震災の影響による市外への移転者を考慮すると破線の折れ線のようになり、気

■ 気仙沼市の人口データ

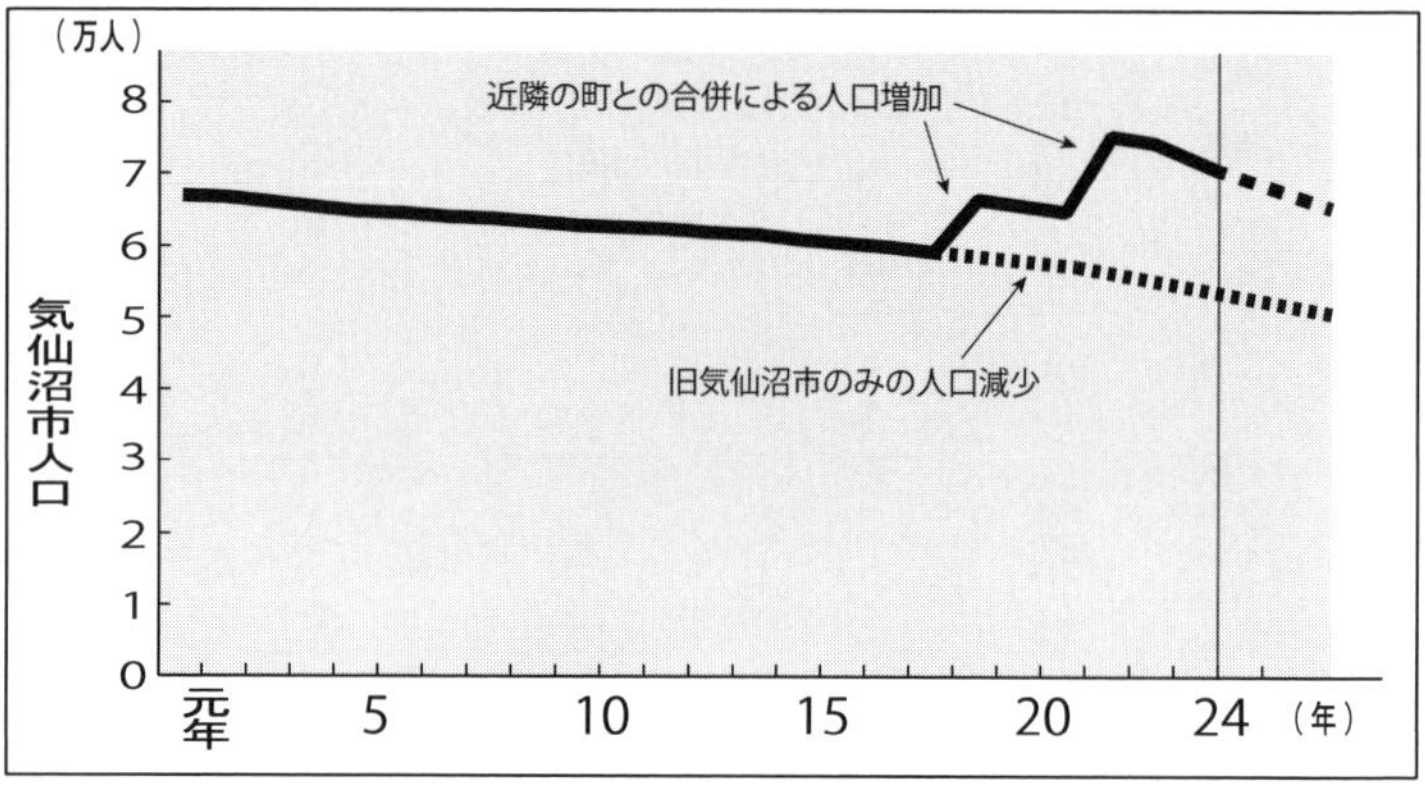

仙沼の将来は衰退へと向かいます。そこで今回の復興計画を実現した場合、以下のポイントで人口増が見込めます。

⑴移転者のつなぎとめ

現状の地域の住民は３４０世帯ですが、そのうち８割の２７０世帯の住民が地域に定住すると想定していますが、将来の夢のあるビジョンと早期の住宅確保が移転者の流出を抑えます。

⑵新規住民の増加

南気仙沼地域からの住民の集団移転計画により、２５００人程度の新規人口及び８００世帯の世帯数増加が見込めます。この人口増加が、新規参入企業の進出の可能性を高めます。さらに南気仙沼地域の工業ゾーンに新規参入企業の進出が加わり事業所数が上昇すれば、さらに人口と世帯数の上昇カーブが期待できます。

3 将来構想

1―土地利用計画

魚町・南町の土地利用計画は、大きく魚町を「商業・住居・業務混在ゾーン」とし、港町のにぎわいを創出できるようにします。また南町は「住居ゾーン」とします。

⑴魚町ゾーン

魚町は主要地方道気仙沼唐桑線と釜の前魚市場線を緑の丘の頂点として、海側に人工地盤であるリアスデッキを展開してそこにまちなみを形成します。道路より山側は、基本的には自然公園緑地として整備し、まちの高密度化を図り、にぎわいを創出するとともに、開発面積をコンパクトにすることで、建設投資の最小限化、早期の完成を目指します。

また客船ターミナル周辺は海の幸の食や文化を中心とした港町の商業の集積と、将来ホテルなどの宿泊施設誘致なども視野に入れた、いわゆる「フィッシャーマンズワーフ」として段階的に拡張できる土地利用計画とします。進出する企業もすぐには難しくとも、復興のプロセスの中で確実に増えていくことになると確信します。

そしてリアスデッキの客船ターミナルと反対の端部に、できれば漁業関連の学校を誘致し、さまざまな体験学習ができる、かつての気仙沼の文化、「スローフード」を事業展開し、リアスデッキの人の流れを作ります。

■ 地区利用計画

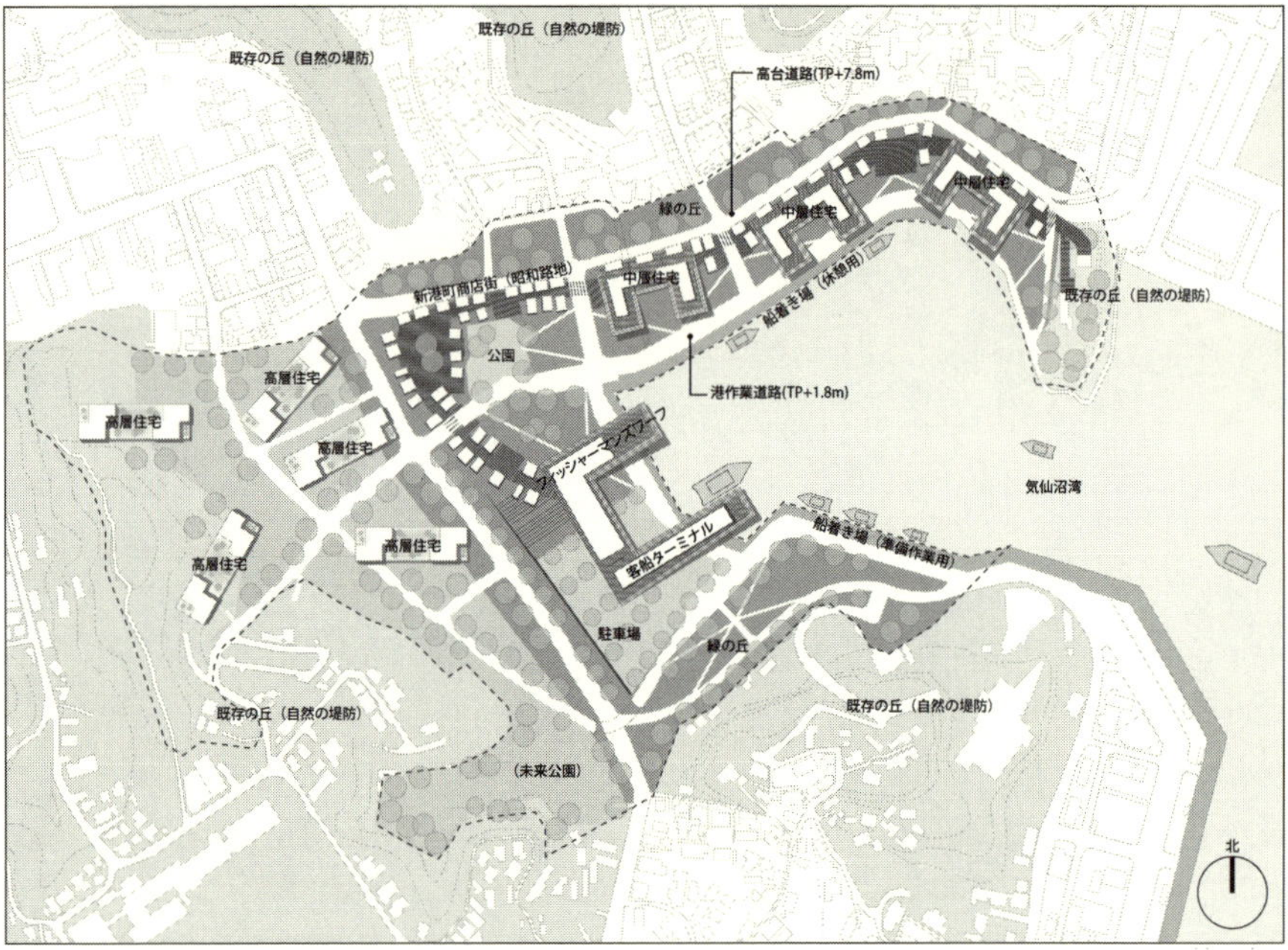

(2) 南町ゾーン

南町は1階に商店があり、2階に住居がある店舗付き住宅と、一般住宅が混在する地域です。しかしこの地域の商業的ポテンシャルは決して高くなく、商業を行うことを希望する住民は魚町のリアスデッキに出店することができるように計画します。そして街区ごとに権利変換を行い、集約的な集合住宅を建設します。そして、余剰の敷地はビオトープとして未来公園とし、段階的な盛土やランドスケープの整備を行うこととします。無理な盛土はせず、自然を残し育む、未来に繋がる環境の中の住宅ゾーンとすることで、今までにはない、都会の高齢者などの移住を促す魅力を備えた快適な居住環境をつくります。

2―道路計画

海岸線に沿った幹線道路である主要地方道気仙沼唐桑線と釜の前魚市場線を緑の丘の頂部に計画し、津波到達レベルより高い安全な避難道路とするとともに、魚町・南町の幹線道路として整備します。この道路と直交する道を計画する形で全体の街区構成をつくりますが、すべて既存の道路の位置を基本として、マイナーチェンジする形で計画し、早期の再興がしやすい計画とします。

3―避難計画

今回の魚町・南町地域の大きなまちの構成として、湾に沿った緑の丘を、防潮提機能・避難道路機能を備えて計画し、それを境に海側と陸地側の地域にゾーニングできます。またその両側に津波到達レベルより低い地盤があるため、その地域からの避難計画が減災として重要になります。

(1)避難の基本的な考え方

津波からの避難は、今までの経験から津波警報が発令してから津波が到達するまでに、10～30分程度の時間がかかります。その間に安全な場所に避難する必要があります。この地域の陸地側には高台がありますので、時間がある場合には広域避難場所に避難することが好ましいと考えます。しかしさまざまな事情により、短時間での避難が必要な場合、今回緑の丘の上に主要道路を、そして同じレベルにリアスデッキを計画しますので、それらの場所に避難すれば助かります。そしてどの場所からもその安全地点まで１５０メートルで到達できる計画（市の設定では３００メートル以内）として、安全性を高めました。

(2) 津波避難デッキ（リアスデッキ）

前記の安全な避難計画によっても、想定外の津波が来ることがないといえません。設定した安全なレベルを越えて津波が来ることにも配慮して、緑の丘やリアスデッキから、さらに高いレベルへの避難が可能なように、３００メートル以内に津波避難デッキを計画（船客ターミナル・集合住宅部）します。津波避難デッキとは、リアスデッキよりさらに1層分（４メートル程度）高くし、リアスデッキのどの安全地点からも３００メートル以内で到達できる計画とします。

4　実現化手法　＝実現に向けてのシミュレーション

今回の事業計画を成立させるために、以下の条件設定と補助金の活用、および事業計画の立案を行います。

(1) 条件設定

区域面積：魚町周辺の区域（約３・５ヘクタール）

住宅規模：区域住民＝２７０ 世帯（３４０世帯の80％）

新規住民＝８００世帯（南気仙沼住民＝８００世帯（１０００世帯の80％））

工事費：施設整備費＝８５０千円／坪（リアスデッキおよび施設建築）

外構等整備費＝15千円／平方メートル（舗道、植栽等）

堤防建設費（緑の丘）＝２０００千円／メートル

公共施設整備費＝50千円／平方メートル（道路、公園等）

容積率：特区による再設定が必要＝４００％程度（現状の基準容積率からの割増による）

(2)補助金の導入

① 市街地再開発事業の補助

５省40事業の１つである市街地再開発事業における調査・設計計画費、解体除去費、補償費、共同施設整備などは現状の補助率は３分の２であるが、震災復興の事業であることを加味して、各費目を可能な限り補助対象と想定し、上限である5分の４まで補助が可能となることを前提とします。また、事業区域内の公共施設整備費については、公共施設管理者負担金等による補助を前提としています。

(3)シミュレーション結果

１６６～１６７ページ参照

① 魚町・南町地域住民のみによるモデル

◆モデル権利変換計画

①従前資産

区分		面積	評価額
従前資産	土地	約 100㎡	約 4,500 千円
	建物	約 150㎡	約　　0 千円
合計		約 250㎡	約 4,500 千円

②モデル権利変換

概算床価格 500 千円／㎡とし、専有面積（平均）50㎡（2LDK・世帯人数3人）の住宅を取得する場合

区分		面積	評価額
権利変換	従前資産分（権利床分）	約 9㎡	約 4,500 千円
	増床分（個人負担分）	約 41㎡	約 20,500 千円
合計		約 50㎡	約 25,000 千円

② 南気仙沼新規住民の参入を考慮したモデル

東日本大震災復興計画　事業計画の試算（案）　①整備イメージ（案）：市街地再開発事業等による整備

下記事業計画の試算にあたっては、被災地の被害状況、権利関係等が現時点で調査中である現状を踏まえての想定によるものであり、詳細については今後の検討によります。

事業手法については、各種都市計画事業（道路、公園等のハード整備、土地区画整理事業、市街地再開発事業等の面的整備）の適用が考えられますが、今回の試算にあたっては、

市内の区域（魚町・本町地区）の一区画に共同住宅を整備する前提に、東日本大震災復興特区およびその区域内の市街地再開発事業等による段階的整備を想定し事業計画の試算を行っています。また、総事業費、補助金収入、従前資産額の算出においても、現時点で判明している情報を元に、数値を想定し概算額として算出しています。

詳細については、今後の設計要件、被災地の現状等の要件を踏まえて検討を行う必要があります。

1．中層住宅地

◆区域面積の設定

①従前

区分	従前面積（被災前）
宅地　（想定割合 約 80%）	約 28,000㎡
公共施設　（想定割合 約 20%）	約 7,000㎡
施工地区合計	約 35,000㎡

②従後

区分	整備面積（従後）	
施設建築敷地　（想定割合 約 70%）	約 25,000㎡	※土地の高度利用による集約化
公共施設　（想定割合 約 30%）	約 10,000㎡	※堤防等の建設
施工地区合計	約 35,000㎡	

◆概算支出の試算

費目		構成比	金額	概要
調査設計計画費		8%	約 3,050,000 千円	三日町三丁目地区第一種市街地再開発事業 7.8%を参考
土地整備費	解体・除却	2%	約 760,000 千円	三日町三丁目地区第一種市街地再開発事業 2%を参考
	補償	13%	約 4,950,000 千円	三日町三丁目地区第一種市街地再開発事業 13.3%を参考
	合計	15%	約 5,710,000 千円	
工事費	施設建築物		約 27,600,000 千円	法延面積 約 6,900 坪 × 単価 約 800 千円／坪 × 棟数 5 棟
	外構等		約 80,000 千円	整備面積 約 5,200㎡ × 単価 約 15 千円／㎡
	堤防建設		約 20,000 千円	整備延長 約 100 m × 単価 約 200 千円／㎡
	公共施設（道路・公園等）		約 500,000 千円	整備面積 約 10,000㎡ × 単価 約 50 千円／㎡
	合計	74%	約 28,200,000 千円	三日町三丁目地区第一種市街地再開発事業 74%を参考
事務費・予備費・利子負担		3%	約 1,140,000 千円	三日町三丁目地区第一種市街地再開発事業 2.9%を参考
総事業費		100%	約 38,100,000 千円	

※構成比等については、宮城県気仙沼市三日町三丁目地区第一種市街地再開発事業を参考にしています。

※上記構成比等を参考に、工事費を総事業費の 70%と仮定し、その他の費目を試算し、総事業費の概算額を算出しています。

※検討にあたっては、対象地域を一施工地区の建築敷地とし、主に都市再開発法における第一種市街地再開発事業（権利変換型／組合施行、会社施行）として試算を行っております。

※検討の元となる工事費及び区域面積等については、ＣＡＤ求積や受領資料にもとづく想定となります。

◆概算収入（補助金）の試算

補助金割合		補助金		総事業費
約 38.37%	=	約 9,124,800 千円	÷	約 23,780,000 千円

費目		金額	概要
調査設計計画費		約 1,519,200 千円	事業費 約 1,900,000 千円 × 対象割合 約 100% ※1 × 補助率 4／5 ※1
土地整備費	解体・除却	約 384,000 千円	事業費 約 480,000 千円 × 対象割合 約 100% ※2 × 補助率 4／5 ※1
	補償（対価・通損等）	約 2,472,000 千円	事業費 約 3,090,000 千円 × 対象割合 約 100% ※2 × 補助率 4／5 ※1
	合計	約 2,856,000 千円	事業費 約 3,570,000 千円
工事費	施設建築物	約 4,214,400 千円	事業費 約 17,000,000 千円 × 対象割合 約 31% ※3 × 補助率 4／5
	外構等	約 29,200 千円	事業費 約 80,000 千円 × 対象割合 約 31% ※2 × 補助率 4／5
	堤防建設	約 18,000 千円	事業費 約 20,000 千円 × 対象割合 約 100% × 補助率 1 ※4
	公共施設	約 498,000 千円	事業費 約 500,000 千円 × 対象割合 約 100% × 補助率 1 ※4
	合計	約 4,749,600 千円	
事務費・予備費・利子負担		約 0 千円	事業費 約 710,000 千円 × 対象割合 約 0%
総事業費		約 9,124,800 千円	

※1：上記補助の適用にあたっては、東日本大震災と復興特別区域内の都市計画決定事業を想定し、5省40事業における市街地再開発事業の補助率を適用しています。
※2：対象割合（補助金の対象となる業務に関する費目の割合）については、関係機関との調整によりますが、今回は被災地における権利者の生活再建を鑑み、工事費を除き可能な限り補助対象として
また、補償においては、事業費及び補助金とも転出資産分は考慮していません。
※3：5省40事業における市街地再開発事業（優良建築等整備費も含む。）の補助率を適用のうえ、包括積算方式（現要綱20階～）による乗率を一律適用しています。
※4：5省40事業における市街地再開発事業を適用の上、道路・公園等（公共施設整備）については、都市再開発法121条における公共施設管理者負担金を想定しています。
財源等の確保ができない場合については、道路事業、都市公園事業等、下水道事業等の適用による整備を想定しています。（補助率は1）
※5：また、緑の堤防については、都市再開発法における公共施設（緑地）として扱い補助事業の適用を想定しています。したがって、事業区分及び、補助対象の有無については、今後関係機関協議との調整が必要となります。

◆従前評価額の試算（南町・魚町等）　②

項目	金額	概要
土地	約 1,260,000 千円	相続税路線価 約 36 千円／㎡ × 調整率 約 1.25 倍 × 宅地面積 約 28,000㎡ ※1
建物	約 0 千円 ※2	
合計	約 1,260,000 千円	

※1：相続税路線価（平成23年度）をもとに、土地評価額の概算額を想定しています。調整率については、鑑定評価上の想定です。詳細については、鑑定評価機関による専門的評価が必要となります
※2：建物評価については、津波被害を考慮し評価を行っていません。

◆床原価

項目		金額
事業支出	①	約 23,780,000 千円
従前資産	②	約 1,260,000 千円
補助金	③　▲	約 9,124,800 千円
総合床原価	①＋②－③	約 15,915,200 千円

◆概算床価格（平均）の試算

従後概算床価格（平均）		総床原価		専有面積
約 270 千円／㎡	＝	約 15,915,200 千円	÷	約 58,850㎡

◆モデル権利変換計画

①従前資産

区分		面積	評価額
従前資産	土地	約 100㎡	約 4,500 千円
	建物	約 150㎡	約 0 千円
合計		約 250㎡	約 4,500 千円
②モデル権利変換		約 9㎡	約 4,500 千円

概算床価格 270 千円／㎡とし、専有面積（平均）55㎡（2LDK・世帯人数3人）の住宅を取得する場合

区分		面積	評価額
権利変換	従前資産分（権利床分）	約 17㎡	約 4,500 千円
	増床分（個人負担分）	約 38㎡	約 10,350 千円
合計		約 17㎡	約 14,850 千円

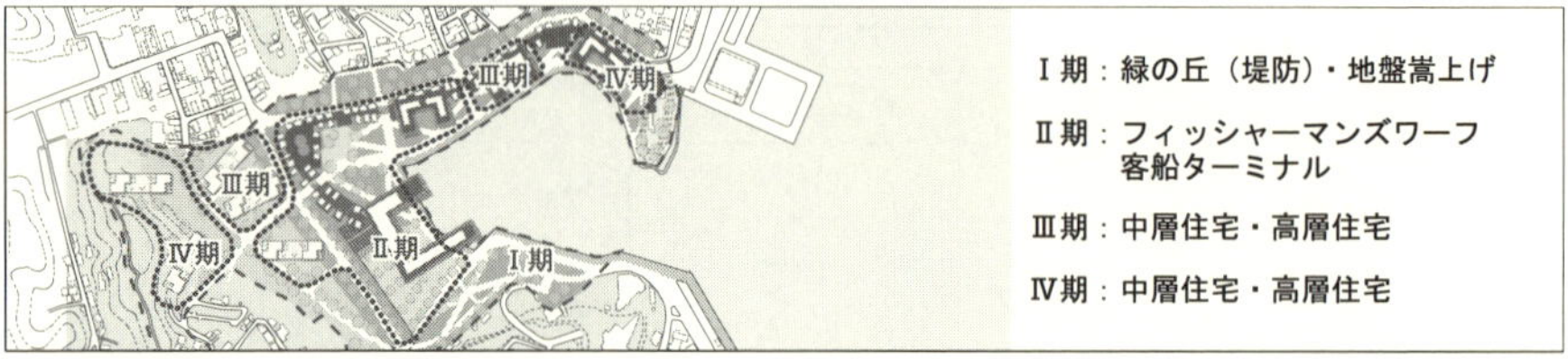

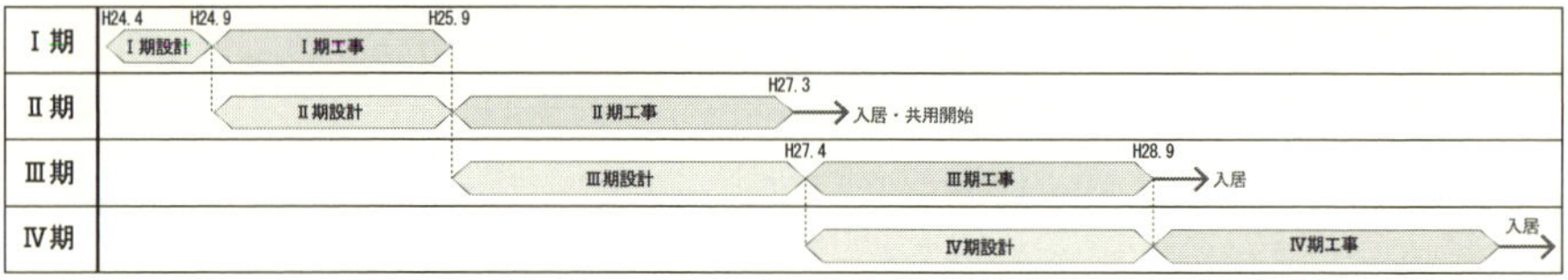

5　事業スケジュール

事業スケジュールは早ければ早いほど、復興の条件が良くなります。そのため、現在考えられる最短のスケジュールを立案します。その際、段階的な再興が必要となりますので、1期から4期までに段階的に建設するスケジュールを立案します。

(1)工期分けについて

図のように段階的な建設を行います。

(2)事業スケジュール計画

南町の集合住宅の建設を最優先し、最初の住民の入居を3年後に可能とするスケジュールを立案します。

防災拠点施設としての公共建築（三鷹市ほか）

国や地方自治体が所有する施設の多くは、災害発生時に防災拠点として機能することが求められている。こうした防災拠点となるべき施設が地震により被害を受けてしまった場合、多くの犠牲者を生じさせるばかりでなく、災害応急対策などの活動に支障をきたし、その結果として防ぐことができたであろう災害の発生や拡大を招くおそれすらある。

災害応急対策を円滑に実施するためには、防災拠点となる庁舎、消防署、避難所となる文教施設などの公共建築の機能が、いち早く災害時モードに切り替えられることが非常に重要となる。

一方、防災拠点整備の補助金としては、防災拠点形成総合支援事業費補助金や地域防災拠点施設整備モデル事業費補助金などがあるが、1カ所当たりの補助金は5億円程度とそれほど規模が大きくないうえに、制度活用上の制限も多いため、なかなか一般的に活用されないという側面がある。

補助金、民間活力を活用する

そこで、防災公園補助金を活用した大規模複合施設と、防災拠点を地域に分散配置するための民間活力を活用した施設整備の事例を紹介する。

いずれも複数の異なる機能を複合させ、そこへ防災拠点機能を付加しているところがポイントであるが、特に民間活力を活用した施設整備には最近新しい動きがみられる。公有地に民間で高齢者施設・住宅や子ども施設、多目的ホール、福祉会館などをつくり、その一部を役所が借り上げる事業方式である。民間の施設に役所の施設が加わることで、施設全体が防災拠点、あるいは災害時の福祉避難所としての性格を強化することができる。

こうした多機能複合施設が最近増加している背景には、次の４つの社会的側面がある。

１つは、とりもなおさず東日本大震災である。震災をきっかけとして、一時避難場所としての公園や防災公園、スタジアム、あるいは収容避難場所としての学校や福祉施設の整備を求める声が高まった。

２つめは、官庁の財政難である。少し前まではやったＰＦＩ（Private Finance Initiative ＝民間資金を活用した公共施設整備）では、ＢＴＯ（Build Transfer Operate ＝民間が公共施設を建設し、所有権を自治体などに移したうえで運営を民間が受託する方式）は15年が最近の傾向だが、税収の落ち込みによりトランスファーするための一時金自体が不足していることから、完全な20年割賦《かっぷ》を民間に担ってもらう方式に移行しつつある。そこには民間のにぎわいにあやかろうという役所のねらいもある。

３つめは、都市再生の視点である。公共建築の老朽化にともなう建て替えと再配置・統廃合を同時に行おうとする動きである。

コミュニティをベースに

最後に、地域コミュニティの創生である。防災機能は避難所などのハードウェアだけで機能するものではなく、災害対策本部や自衛隊などの災害支援活動、災害医療対策やボランティア活動といったソフトウェアが連携しないことには、災害後の混乱には対応できない。しかし、災害時だけにしか使われない機能は、肝心なときに機能しないものである。そのため、日常的に使われる機能を転換して災害時に活用する仕組みを導入することがポイントになる。

そのためには、日頃からの役所と住民の垣根を越えた交流が必要となる。たとえば、サービスの質を落とさずにワンストップで行政サービスも保育も医療もこなせるような場所である。平時から人々の暮らしの中心にあり、いざとなったら地域の拠点となる存在感が必要で、そのためにそれら機能を地域コミュニティ活動と連動させた仕組みづくりが必要となる。

最近の複合施設は、建物は複合していても、運営まで複合しているケースは少ないのが実情である。それは管理上の理由であり、くっつくことより離れていることのメリットのほうが多いからである。しかしそこに、建物とその利用者との間をとりもつコーディネート機能があれば、地域のコミュニティの復活に寄与することもありえる。

すなわち、子どもから高齢者まで利用者間の交流をつかさどる仕組みがあれば、核家族化によって社会が失ってきた世代間の交流が再開され、ひいては思いやりを育むことのできる機会をつくったり、老後の自己実現などといった機能を取り戻すことさえできるかもしれない。

制度的には、たとえば、地域優良賃貸住宅制度を活用することで、入居者に、家賃の減免と引き換えに施設や地域へのボランティア活動を義務づけるといったことも実際に行われ、効果を発揮しつつある。

施設計画事例1　東京都三鷹市

（延床約2・4万平方メートル、防災公園約1・5万平方メートル）

ここでは防災公園補助金を活用した大規模複合施設の事例を紹介する。
防災公園を活用した大規模複合施設を整備するためには、まず、次に示すようなまちづくりとしての上位計画を策定することが必要となる。
防災拠点は自治体の上位計画にもとづき整備されるが、その際に重要なことは、防災拠点単独での整備ではなく、たとえば、地域コミュニティ活性化に資する機能とあわせて複合的に整備する視点である。

高環境・高福祉のまちづくり

1　最重点プロジェクト

①　都市再生（老朽化施設の集約・複合化）

・防災公園複合施設の整備（多機能複合施設）

・公共施設維持・保全計画にもとづくＦＭ（Facility Management＝施設・環境を総合的に企画

・管理・活用する経営手法）の推進（事後保全→予防保全）

■ まちづくり拠点整備の考え方

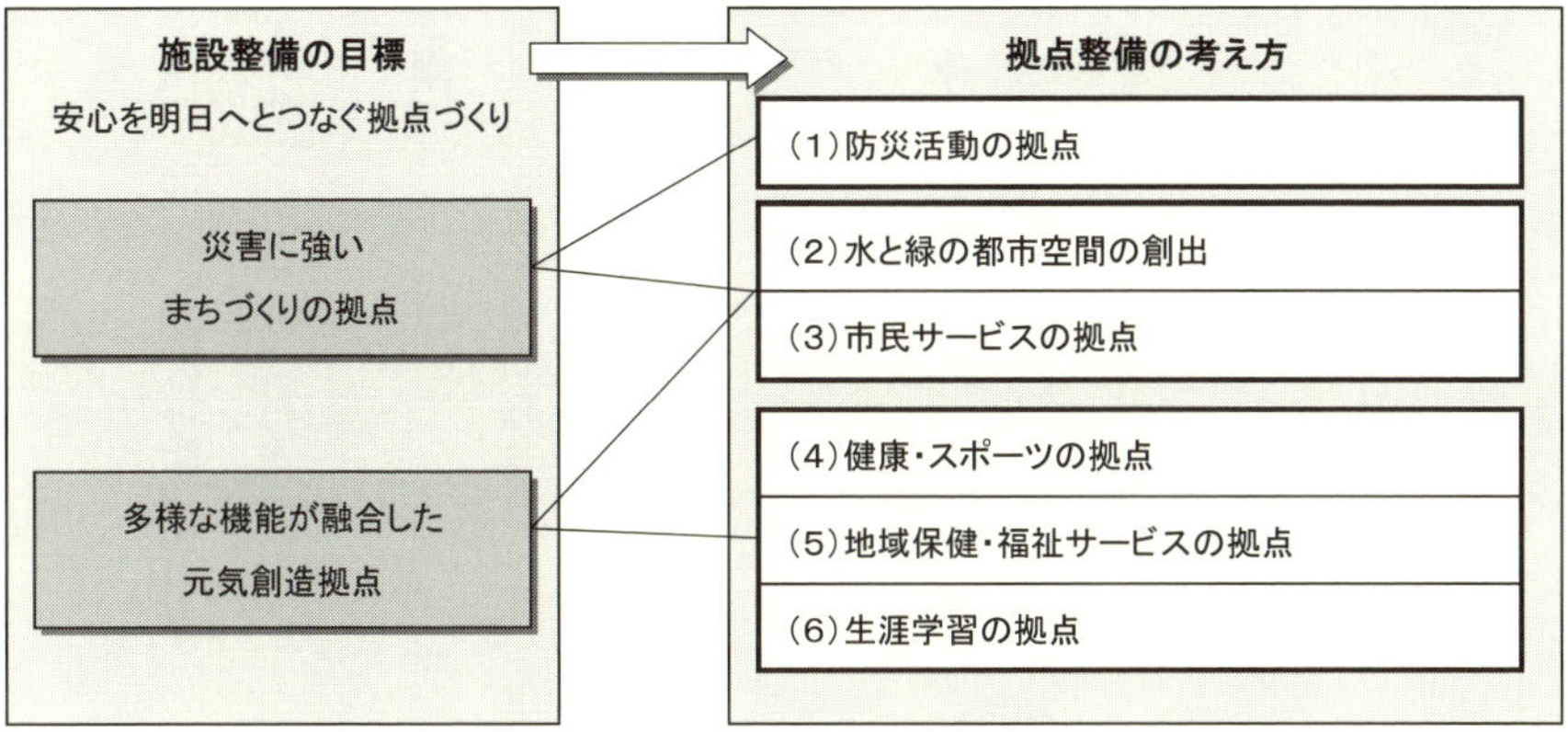

② コミュニティ創生

・地域ケア推進事業

・災害時要援護者支援事業

・地域自治活動、コミュニティ活動

・買物環境の整備

2 緊急プロジェクト

③ 危機管理

・地域防災計画の改定と推進

・事業継続計画の策定と推進

・学校における危機管理体制の呼応地区と防災拠点としての機能強化

次に、拠点整備のための基本コンセプトを示す。

安心を明日へとつなぐ拠点づくり

・災害に強いまちづくりの拠点 → 安心して暮らせるように災害時の防災拠点を整備

・多様な機能が融合した元気創造拠点 → 健康で

いきいきと安心して生活できるようさまざまな機能が融合した拠点整備

事業手法：「防災公園街区整備事業」

老朽化した公共施設を集約化し、建て替えと同時に耐震化を効果的に実現。

防災公園

・対象地区　計画地から５００メートル圏内の市域
・規模基準　「防災公園計画・設計ガイドライン」
圏域人口１人当たり有効避難単位面積２平方メートル／人以上（広域避難地スペース）
※現状に応じ１～２平方メートル／人を原則とする

建ぺい率・容積率緩和

・公園内は都市公園法第４条により建ぺい率は２％に制限されるが、同施行令第６条４項により運動施設などに限って10％加算され12％となる。開放性の高い屋根付き広場などはさらに10％加算され22％となる。
・なお、都市公園法施行令第８条に定める都市公園に設ける運動施設の敷地面積の総計の当該都市公園の敷地面積に対する割合（＝運動施設率）は50％以下とする必要がある。

■ 三鷹市の防災公園・多機能複合施設イメージ

補助金（防災公園補助金）

・防災公園の用地取得費は、３分の１を上限としてＵＲ（都市機構）が国から直接補助を受ける。

・防災公園の施設整備（運動施設などを含む）は、２分の１を上限としてＵＲが国から直接補助を受ける。

施設内容

① 防災公園（約１万５０００平方メートル）

・一時避難場所として整備することで避難場所の恒久化と災害時の安全性を向上させる。

・平常時は憩いやスポーツ・レクリエーションなど市民に親しまれる公園空間を創出。

防災公園規模算定

・市域面積　16・５平方キロメートル

・人口　17万９６４８人（２０１２年２月）

・計画地５００メートル圏内の人口　約７４５０人（１ヘクタール以上の一時避難場所である都立三

■ 平常時と災害時の機能転換イメージ

		平常時	災害時
防災公園		憩い、レクリエーションの場	一時避難所
運動施設		アリーナ、武道場、プール、トレーニング室など	アリーナ：支援物資ストックヤード 駐車場：支援物資の搬送拠点 武道場：遺体の検視・検案 小体育室：遺体の仮安置所 更衣室：遺体の洗浄 受水槽：飲料水利用 軽体操室：遺体安置所、遺体引渡所
多機能複合施設	5階	防災課、防災センター	災害対策本部
	4階	社会教育館	自衛隊などの対策本部
	3階	福祉会館	ボランティアセンター
	2階	総合保険センター	災害時医療対策実施本部
	1階	障害児福祉施設	福祉避難所

鷹高校の負担分を除く）
↓7450人×2平方メートル／人
≒1・5ヘクタール

② 健康・スポーツ施設
（延床約1万3000平方メートル）
・福祉・生涯学習施設と連携して健康づくり、介護予防事業、医療・保健福祉を連携させたきめ細かな運動プログラムを展開。

③ 福祉・生涯学習施設
（延床約1万1000平方メートル）
・多様な世代が健康でいきいきと生活できるための拠点。
・学習機会と学習の場を提供する生涯学習施設。
・防災課を災害対策本部とし、それを補完する機能を移転集約することで活動拠点としての機能を強化。

資金計画例

・用地費　84億円
・施設整備費　１３６億円
・関連事業費　21億円
・全体事業費　２４１億円
うち、国庫補助金　48億円

平常時と災害時の機能転換

災害時に速やかな機能転換が可能となるよう平常時機能を想定している（１７６ページ参照）。

民間主体の多機能防災拠点

民間活力を活用した施設整備の事例を紹介する。

官と民間が共同事業を行うことにより、官、民はもとより地域住民にもメリットがもたらされる仕組みである。

官のメリットとしては、民間が建設する施設の一部を借り上げることにより、大規模な支出を抑えることができる。一方、民間には、イニシャルとしては施設整備に補助金制度を活用しやすくなるほか、ランニングとしても長期にわたり一定の家賃収入が見込めることから、事業の安定化の効果があるほか、地域住民へは、官、民を問わずサービスがワンストップで完結することや、地域の「縁側」として機能する日常的なたまり場の創出が期待できる。平時から災害時と同じ場所を活用し、コミュニティのネットワークを構築することができる一石二鳥の計画である。

補助金（社会福祉施設等整備補助金、地域密着型施設整備交付金、医療施設近代化補助金など）

・地域優良賃貸住宅補助金（特定優良賃貸住宅供給促進事業）
　共同施設等整備費の３分の２（民間事業者型）
・サービス付き高齢者向け住宅整備事業
　サービス付き高齢者向け住宅などの建設工事費の10分の1以内の額
　（補助金の額の上限は、１戸当たり１００万円。高齢者生活支援施設整備1施設当たり１０００万円）
・地域介護・福祉空間整備推進交付金、介護基盤緊急整備等臨時特例交付金など
　（小規模）特養、地域密着型サービス拠点、認知症高齢者グループホームなど

施設計画事例2　群馬県高崎市（延床約1万平方メートル）

高崎市による公有地を活用した多機能施設事業である。プロポーザルにより医療法人が主体となる企業グループが選定された。まちなか再生を目指した官の交流機能と、民間の居住・ケア機能を合築するものである。

その背景としては、▽中心市街地において社会福祉分野の機能不足が深刻化していること、▽

■ 高崎市の多機能施設イメージ

比較的元気な高齢者が寝たきりや要介護にまで至ることがないよう、社会とのつながりを保てる住まい方ができる場をつくりだすこと、▽若者世代と高齢者世代が見守る、働く人のニーズにあわせた子ども預かり施設などの支援を中心市街地に実現すること――などといった行政課題があった。

あわせて、同市の大学へ東京などから入学する学生、特に女子学生のためのマンションを整備することで、親御さんも安心して通わせることができる仕組みを導入した。

施設内容

① 中高年向け住宅（地域優良賃貸住宅※）
② 女子学生向けマンション（地域優良賃貸住宅※）
③ サービス付き高齢向け者住宅（※）
④ 地域密着型多機能施設
⑤ 小規模特別養護老人ホーム
⑥ 子ども預かり施設
⑦ 多世代交流施設

⑧　長寿センター
⑨　診療所
※制度適用予定

①中高年向け住宅と②女子学生向けマンションの入居者には家賃の減免と引き換えに、同施設内の福祉施設へのボランティア活動が義務づけられる予定で、まちなかにおける集客と人手不足の課題を同時に解決する試みである。

建物を企業グループが建設・保有し、①中高年向け住宅、②女子学生向けマンション、⑥子ども預かり施設、⑦多世代交流施設、⑧長寿センターを市が、③サービス付き高齢者向け住宅、④地域密着型多機能施設、⑤小規模特別養護老人ホーム、⑨診療所を企業グループが運営する。

本来、市が建設・運営すべき施設部分（①、②、⑥、⑦、⑧）については、固定資産税相当額を奨励金として交付する新たな補助制度も採用する。

施設計画事例３　長野県佐久市（延床約１・５万平方メートル）

佐久市の公有地を活用し、民間の医療法人が整備する施設の中に同市のホールを併設する計画である。病院が合築されているため、日常活動の延長線上に災害支援活動を位置づけることが可能な仕掛けになっている。災害時にはホールを災害対策本部とすることも可能である。

近年整備される病院には災害を想定した機能が盛り込まれるようになってきたが、その計画の際に重要なポイントは、災害規模に応じて施設の防災拠点としての活用範囲を変動させることであり、ＢＣＰ（Business Continuity Plan＝事業継続計画）との連動である。あらかじめ災害規模に応じてＡ、Ｂ、ＣなどのＢＣＰプランを計画しておき、発災時にはボタン１つで機能が切り替わるような設備システムが理想的である。

施設内容

①　サービス付き高齢者向け住宅
②　老人保健施設
③　介護付き有料老人ホーム
④　病院
⑤　公民館（ホール）

施設計画事例４　愛知県あま市（延床約１・４５万平方メートル）

ＢＣＰは建築的にも対策しうる。

新あま市民病院は東日本大震災直後に設計が開始されたプロジェクトだが、ここでは災害により送電が途絶えてエレベーターなどの縦動線が使いづらい状況でも、病院が機能しやすいよう計画されている。建物構成を低層に抑えることで、病棟と手術部、病棟とリハビリ部が同一階にあり、最小限の水平移動だけで病院が機能するようになっている。

■ 新あま市民病院イメージ

また、津波対策として、診療機能のある1階の床レベルを周辺地盤よりも高く設定しているが、そうして持ち上げた部分を柱頭免震構造により免震ピット層とすることで、地下1階を駐車場として有効活用している。電気機械室、非常用発電機、機械室などは冠水の被害を防ぐため、最上階に設置している。

可能な限り簡素で機能的な施設とすることで、災害時に機能しやすく、平時の環境負荷の低減にも寄与する省エネルギー型病院とすることに成功している。

市民力・地域力を活かすまちづくり（長岡市）

２００４年10月23日17時56分に発生した新潟県中越地震（マグニチュード６・８、以下「中越地震」と呼ぶ）で、震源付近の川口町では震度７が観測された。この地震の特徴は余震の規模が大きかったことで、本震後40分の間に最大震度６強の強い余震が２回発生した。この立て続けに発生した強い揺れで、被害が甚大なものとなった。

余震の発生回数も多く、震度３以上の余震は本震発生から11月30日までの間に１５５回に達している。この活発な余震によって不安が続き、避難所に避難する人や車の中に寝泊まりする人が多くみられた。

直下型地震の強い揺れが地すべり常襲地帯で発生したため、中山間地の至るところで地すべりや斜面崩壊が起きた。また、各河川で河道閉鎖が起こり、土砂災害が下流域まで及ぶ危険が生じた。これらの土砂災害によって、中山間地の集落は壊滅的な状況に追い込まれた。

長岡市では、２００４年の７月に起きた水害や２００７年７月の新潟県中越沖地震など、災害経験による教訓を活かした防災体制強化策として、防災の専門家で構成する委員会から「新たな防災体制の整備に関する提言」を受け、地域防災計画を見直すとともに、市民力・地域力を最大限に活かした具体的な取り組みを進めてきた。それらの取り組みを紹介する。

建て替え後の長岡市立東中学校

学校施設への取り組み――東中学校改築

震災当時の東中学校

東中学校は、１９５０年代の建設で老朽化が進んでいたため、建て替え（改築）に向けて基本計画を検討していたところ、２００４年の中越地震を受け、この被災を教訓とした建て替えの検討が進められた。

地震発生の当日午後8時頃には約３００人の避難者が押し寄せ、校庭に集まった。最寄りの市の職員や学校関係者が集結し、避難所を開設すべく体育館に入ると、電球は落ち、グラウンド側の扉は壊れて、開かない状態であった。余震の不安があったが、「腹をくくって」避難所を開設したとのことである。

体育館が避難所となり、プライバシーの確保が困難な過酷な集団生活を強いられるとともに、災害情報を知りたくてもその手段がないなど厳しい状況となった。また、グラウンドに自家用車で乗り入れ、車中に寝泊まりする避難者もいたため、エコノミー症候群の対策

■ 体育館での避難所生活の問題点

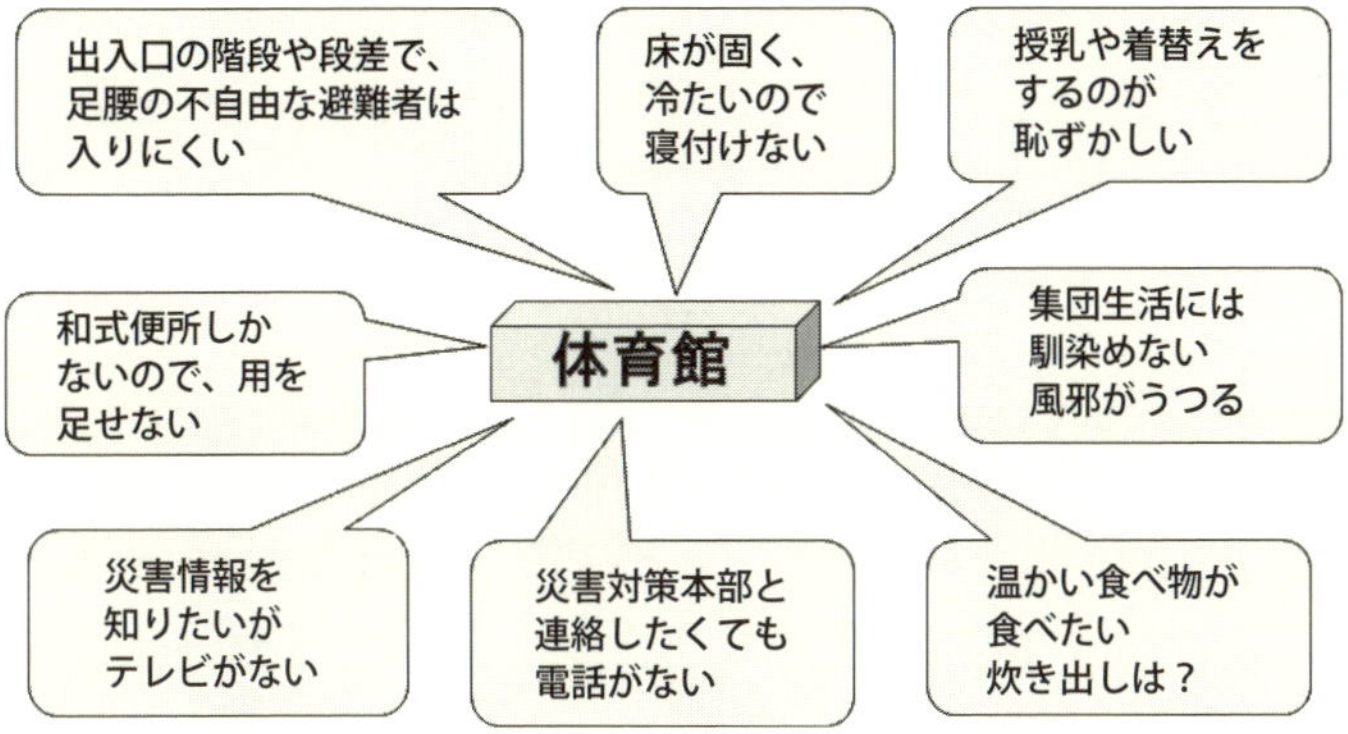
体育館
出入口の階段や段差で、足腰の不自由な避難者は入りにくい
床が固く、冷たいので寝付けない
授乳や着替えをするのが恥ずかしい
和式便所しかないので、用を足せない
集団生活には馴染めない風邪がうつる
災害情報を知りたいがテレビがない
災害対策本部と連絡したくても電話がない
温かい食べ物が食べたい炊き出しは？

として、グラウンドにテントを設営して避難者を収容した。

　体育館で避難所生活をする中で、さまざまな問題が明らかとなった。主なものを図に示す。

改築に向けた経緯

・２００３年　老朽化に対し改築に向けた動き、ＷＳ（ワークショップ）など

・２００４年　基本計画策定中に中越地震が発生（10月23日）

・２００５～06年　中越地震後約１年の中断の後、改築計画の進展、設計の実施

・２００７～09年　建設工事

・震災後の整備にあたって、学校教職員、ＰＴＡ、地元住民などによるＷＳを10回開催、ＷＳは多くの住民の参加を期して夜７時より開催し、住民は自由参加とした。

東中学校の避難場所の配置

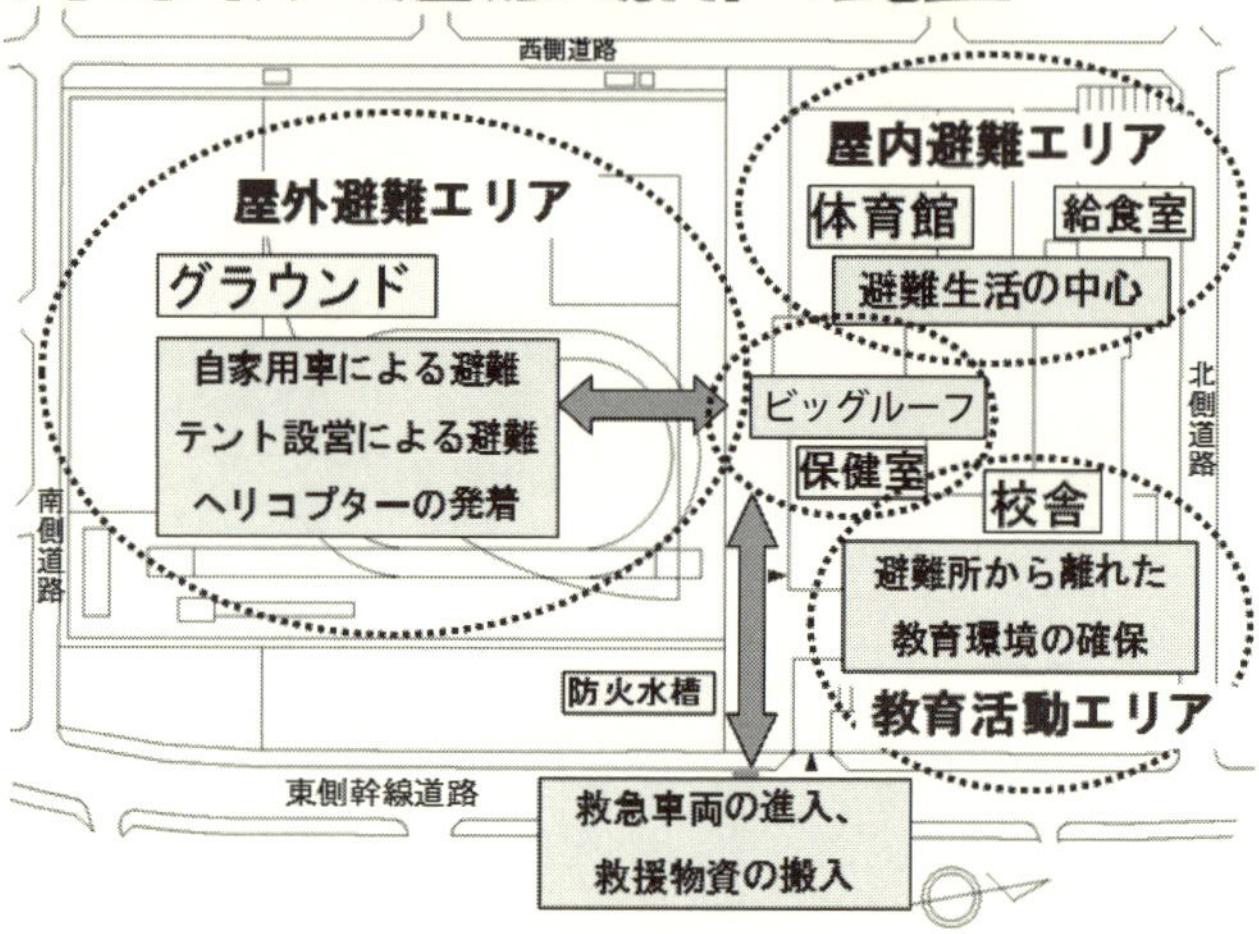

・屋内外の避難施設の連携に配慮した施設配置

屋内運動場とグラウンドの連携を強化するために、これを隣接配置とした。
屋内運動場やグラウンドに隣接して保健室を設置し、救急動線を確保した。
避難所の近くに給食室を設け、給食室に隣接して炊き出しをする広場を想定。

・降雨時や積雪時の避難活動を支援する屋根付き広場

屋内運動場、グラウンド、保健室の接点に屋根付き広場を設置。
支援物資の搬入、ケガ人の搬送、仮設トイレの設置などの野外活動を想定。

・避難者の多様な要求に対応した施設・設備

畳敷きの武道場、小規模な和室など、ニーズに合わせた大小の部屋を用意。
受水槽蛇口、車椅子対応トイレ、テレビ受信・電話・ＬＡＮ配線などの設置。

・開放エリアと避難エリアの重ね合わせと教育エリアとの分離

学校開放を利用する地域住民は、避難時でも施設の配置を理解しやすい。
避難活動が長期化した時でも、教育活動に支障がないように空間を分離。

整備内容

▽整備方針

中越地震後初めての改築ということで従来の計画を再検討し、避難所としての防災機能を重視するとともに、地域の防災拠点となるよう、学校の地域開放ゾーンと避難施設ゾーンを重ね合わせることにより、地域住民が平常時になじみ、災害時における施設利用のイメージを共有できるよう計画する。

▽施設概要

・敷地＝3万4030平方メートル　・延床面積＝1万959平方メートル

・クラス数＝12　・生徒数409（2007年当時）

・学区世帯数＝約7800世帯

・避難想定人員＝約2400人（中越地震時は最大で約5000人）

▽教育と避難所機能を配慮した学校整備

・教育と避難所機能を分離できるような配置とした。体育館、グラウンドを避難エリアとし、扉を閉めればそれぞれのエリアが独立する。

・日常的に地域開放するゾーンと避難住民が利用するゾーンを重ね合わせ、地域住民が日常から施設になじみ、避難所として活用した場合のイメージを共有できるようにした。

・積雪地であることを考慮してプールはつくらず、その費用を有効に活用し、天候に左右されず

建物2階の配置

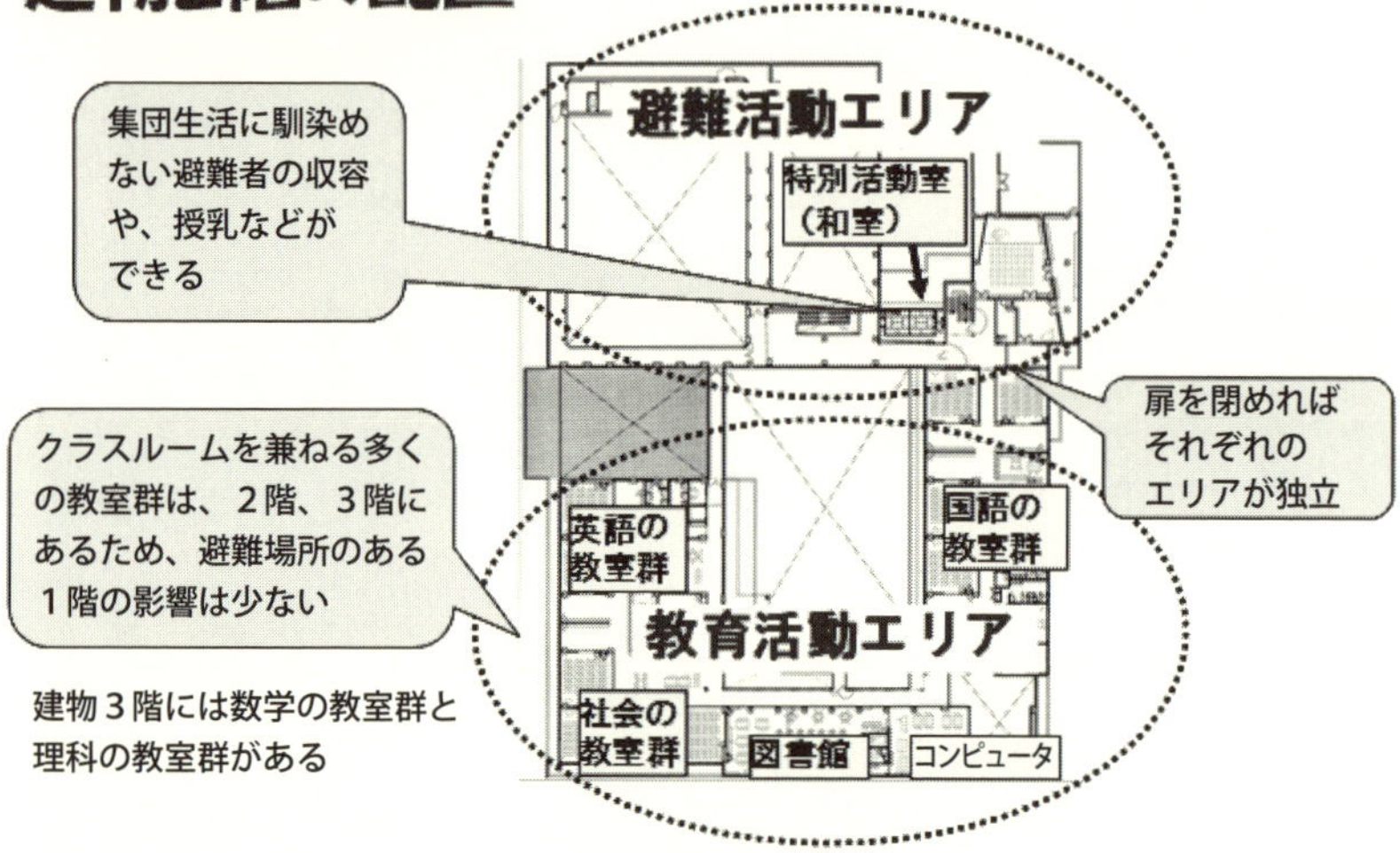
避難活動エリア
特別活動室
（和室）
集団生活に馴染めない避難者の収容や、授乳などができる
扉を閉めればそれぞれのエリアが独立
クラスルームを兼ねる多くの教室群は、２階、３階にあるため、避難場所のある１階の影響は少ない
英語の教室群
国語の教室群
教育活動エリア
社会の教室群
図書館
コンピュータ
建物３階には数学の教室群と理科の教室群がある

建物1階の配置

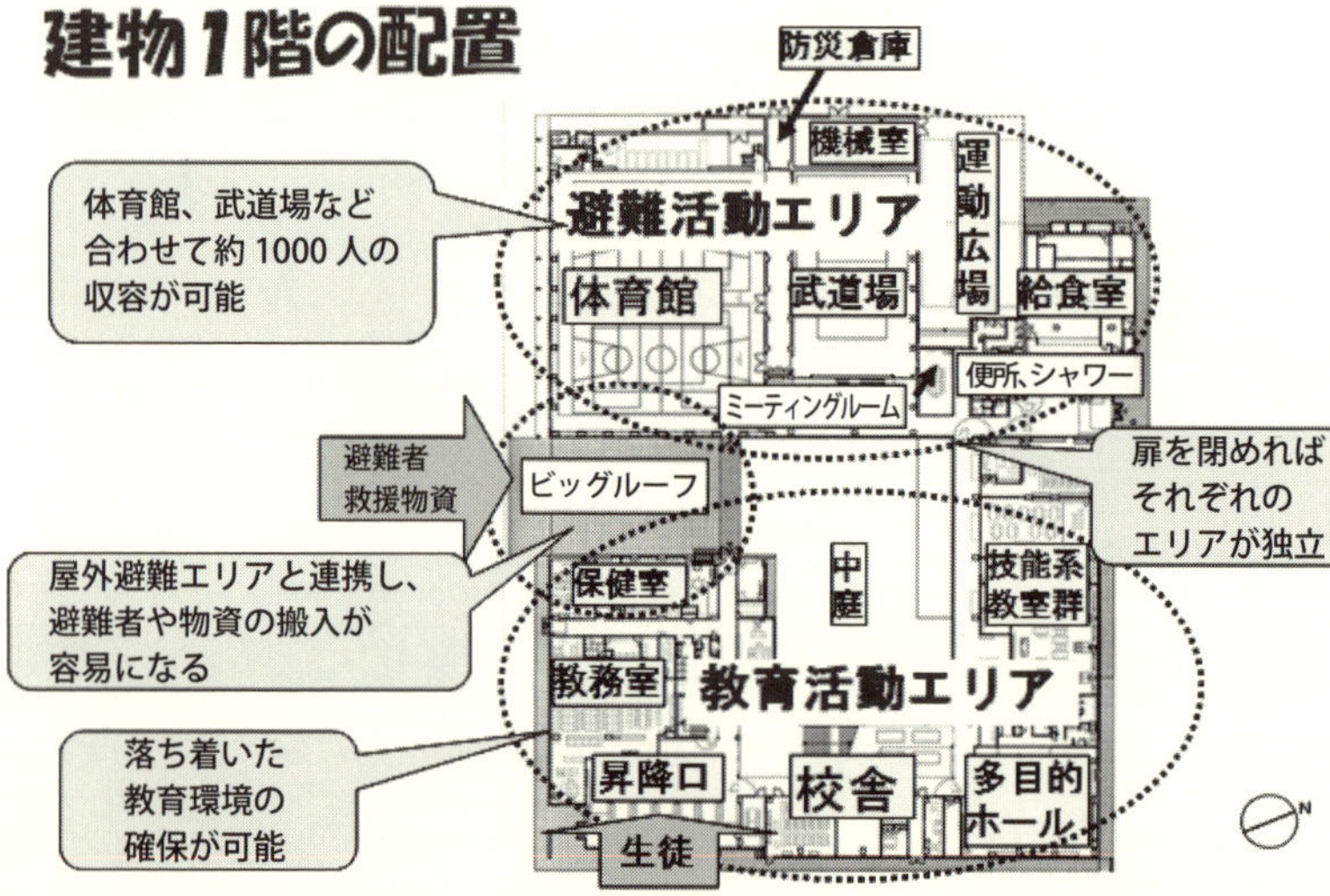
防災倉庫
機械室
運動広場
避難活動エリア
体育館、武道場など合わせて約 1000 人の収容が可能
体育館
武道場
給食室
便所、シャワー
ミーティングルーム
避難者
救援物資
ビッグルーフ
扉を閉めればそれぞれのエリアが独立
屋外避難エリアと連携し、避難者や物資の搬入が容易になる
保健室
中庭
技能系教室群
教務室
教育活動エリア
落ち着いた教育環境の確保が可能
昇降口
校舎
多目的ホール
生徒
N

■ 避難所としての活用イメージ

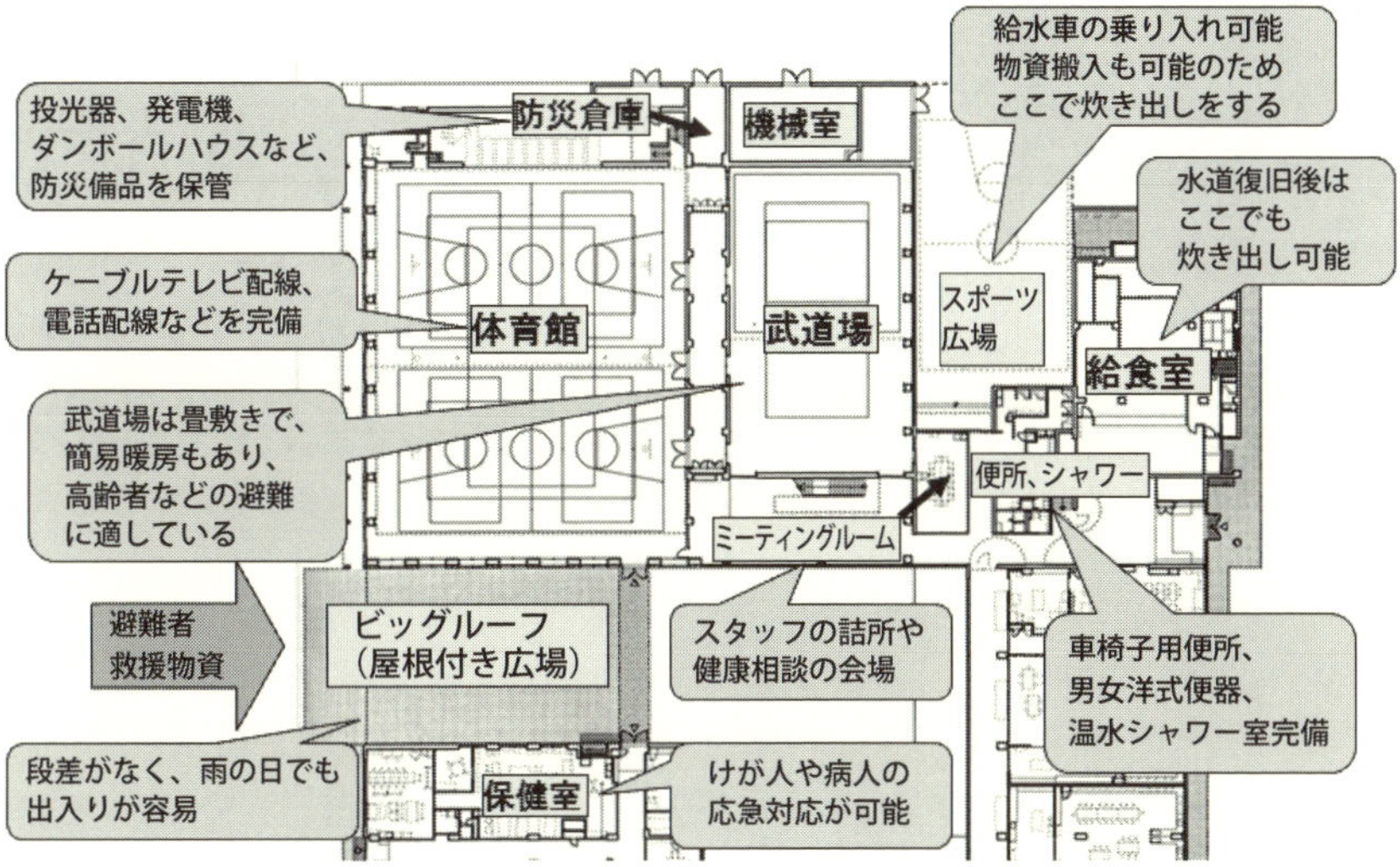

給水車の乗り入れ可能
物資搬入も可能のため
ここで炊き出しをする
投光器、発電機、
ダンボールハウスなど、
防災備品を保管
防災倉庫
機械室
水道復旧後は
ここでも
炊き出し可能
ケーブルテレビ配線、
電話配線などを完備
体育館
武道場
スポーツ
広場
給食室
武道場は畳敷きで、
簡易暖房もあり、
高齢者などの避難
に適している
便所、シャワー
ミーティングルーム
避難者
救援物資
ビッグルーフ
（屋根付き広場）
スタッフの詰所や
健康相談の会場
車椅子用便所、
男女洋式便器、
温水シャワー室完備
段差がなく、雨の日でも
出入りが容易
保健室
けが人や病人の
応急対応が可能

■ 情報ライフライン

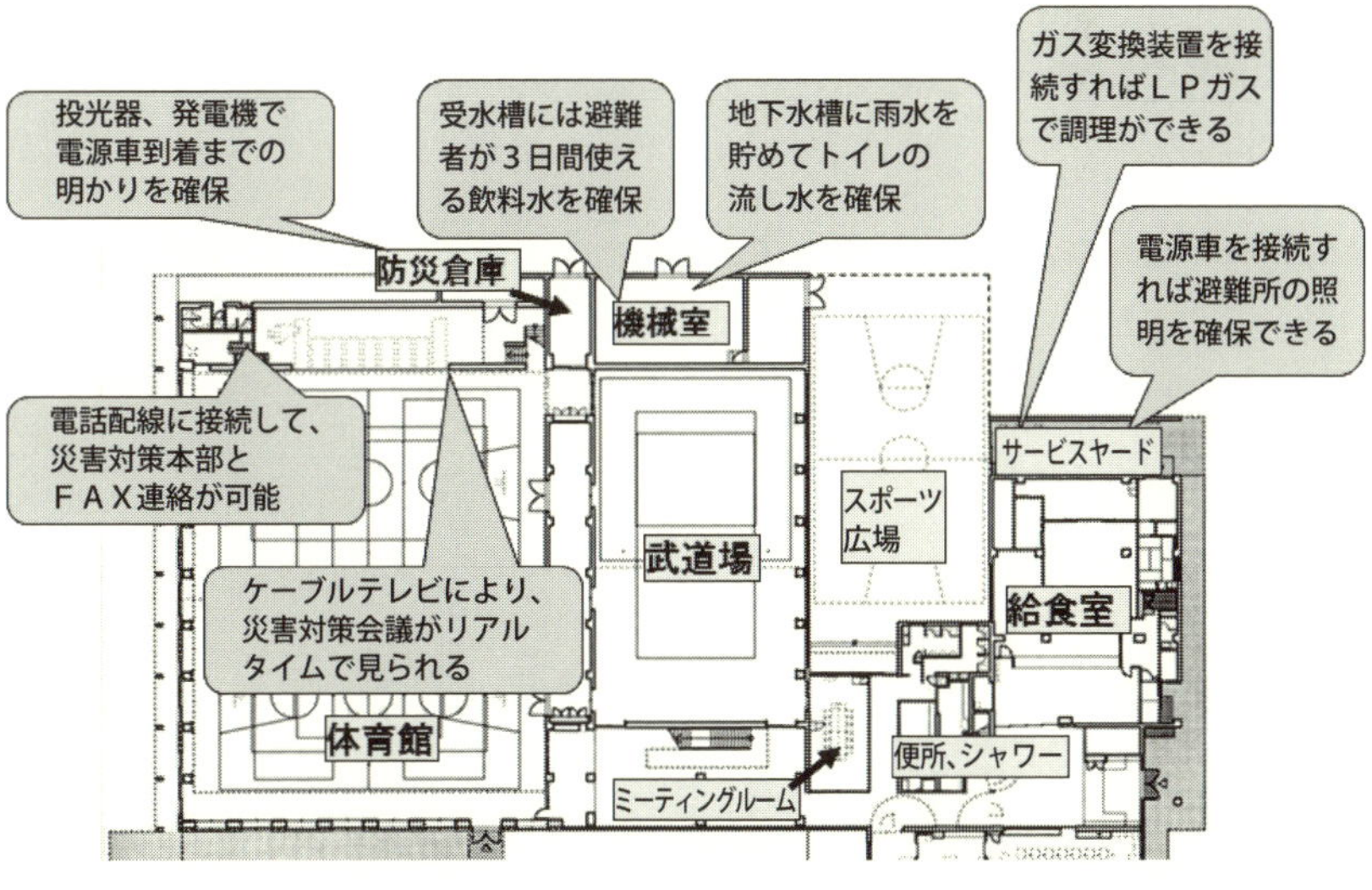

ガス変換装置を接
続すればＬＰガス
で調理ができる
投光器、発電機で
電源車到着までの
明かりを確保
受水槽には避難
者が３日間使え
る飲料水を確保
地下水槽に雨水を
貯めてトイレの
流し水を確保
電源車を接続す
れば避難所の照
明を確保できる
防災倉庫
機械室
電話配線に接続して、
災害対策本部と
ＦＡＸ連絡が可能
サービスヤード
スポーツ
広場
武道場
給食室
ケーブルテレビにより、
災害対策会議がリアル
タイムで見られる
体育館
便所、シャワー
ミーティングルーム

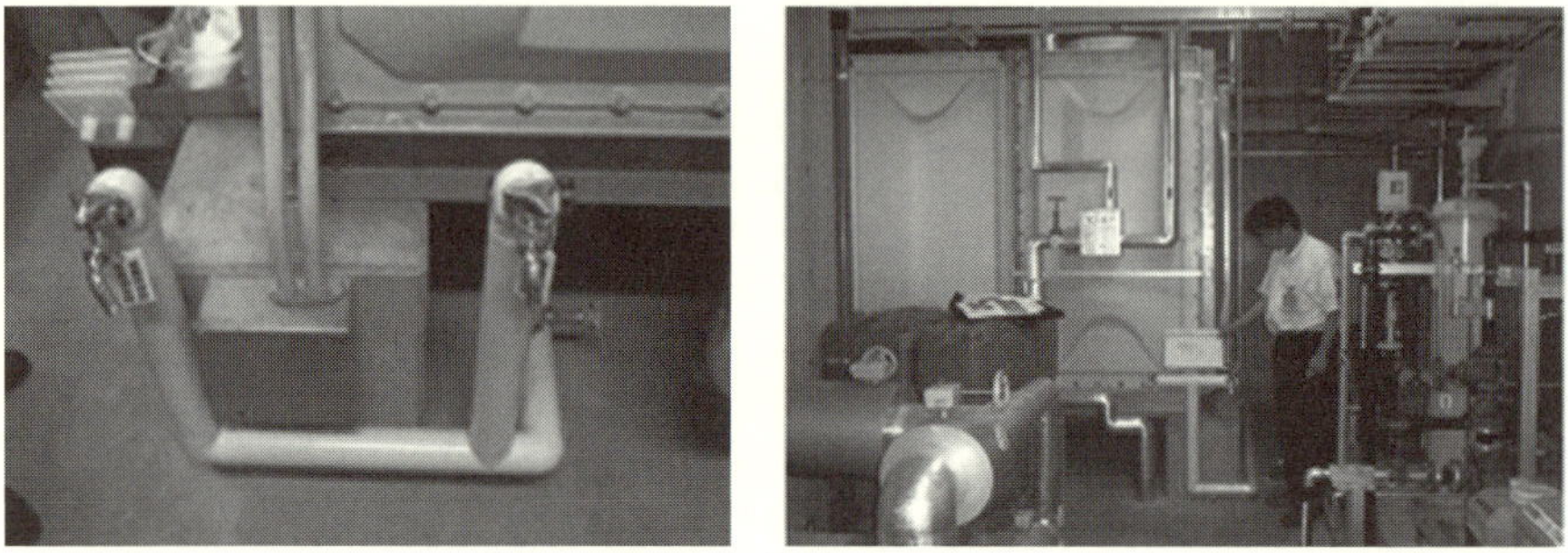

機械室の既存受水槽に蛇口を設置した例

体育活動ができ、災害時に活用できる屋内ランニングコース、ビッグルーフ（屋根付き広場）、広い武道場を整備。

既存学校施設の避難所機能確保

▽背景・状況

中越地震においては、ほとんどの学校の体育館などが避難所となった。避難所では市の職員のほか、学校の先生も対応に追われたことにより、教育の実施にも少なからず支障をきたした。

これらを教訓として既存学校に対し、最低限の避難所機能を確保することをねらいとして、市立学校全校（88校）に対し、避難所としての問題点をアンケート方式で問い、それらを踏まえた避難所対応工事を２００５年から３年間で実施した。

▽整備内容

・機械室内の既存受水槽に蛇口を設置（地下式を除く）

停電や断水時にも受水槽の水を飲料水として使えるよう、蛇口を設置した。１人１日３リットル必要とすると、９トンの水槽であれば、避難者が１０００人であっても３日間使える。

・トイレの和式便器を洋式便器に取り替え
　トイレの洗浄のための水は、プールの水をバケツなどで汲み上げて使用する。
・屋内運動場の出入り口にスロープを設置
・屋内運動場にテレビ配線、電話配線を設置（非常時用）
　テレビや電話は、学校で普段から使っているものを移動して、ここに接続する。
・ガス変換機の接続口を設置（都市ガス区域の学校）
　ライフラインの復旧のうち、都市ガスが最も時間がかかる。プロパンガスをもってきても、都市ガスの調理器具にすぐには使えない。災害時には、都市ガスの調理器具に使えるガスに変換する装置を仮設する。この装置が速やかに取り付けられる接続口をガス管に設ける。
・防災物品の備蓄（地区防災センターの学校）
　発電機、投光機、毛布、車椅子、ＡＥＤ、組み立て式更衣室・授乳室

シティホールプラザ「アオーレ長岡」

長岡市では、これまでの市庁舎が次のような問題を抱えていた。
・耐震性が低い → 災害時の司令塔として機能できるか不安。
・市町村合併による業務の増大にともない本庁舎のスペースが不足し、組織の３分の１が本庁舎から離れた場所に分散 → 市民にとって不便であるとともに、業務効率の低下を招いている。

アオーレ長岡の外観

■ アオーレ長岡１階平面図

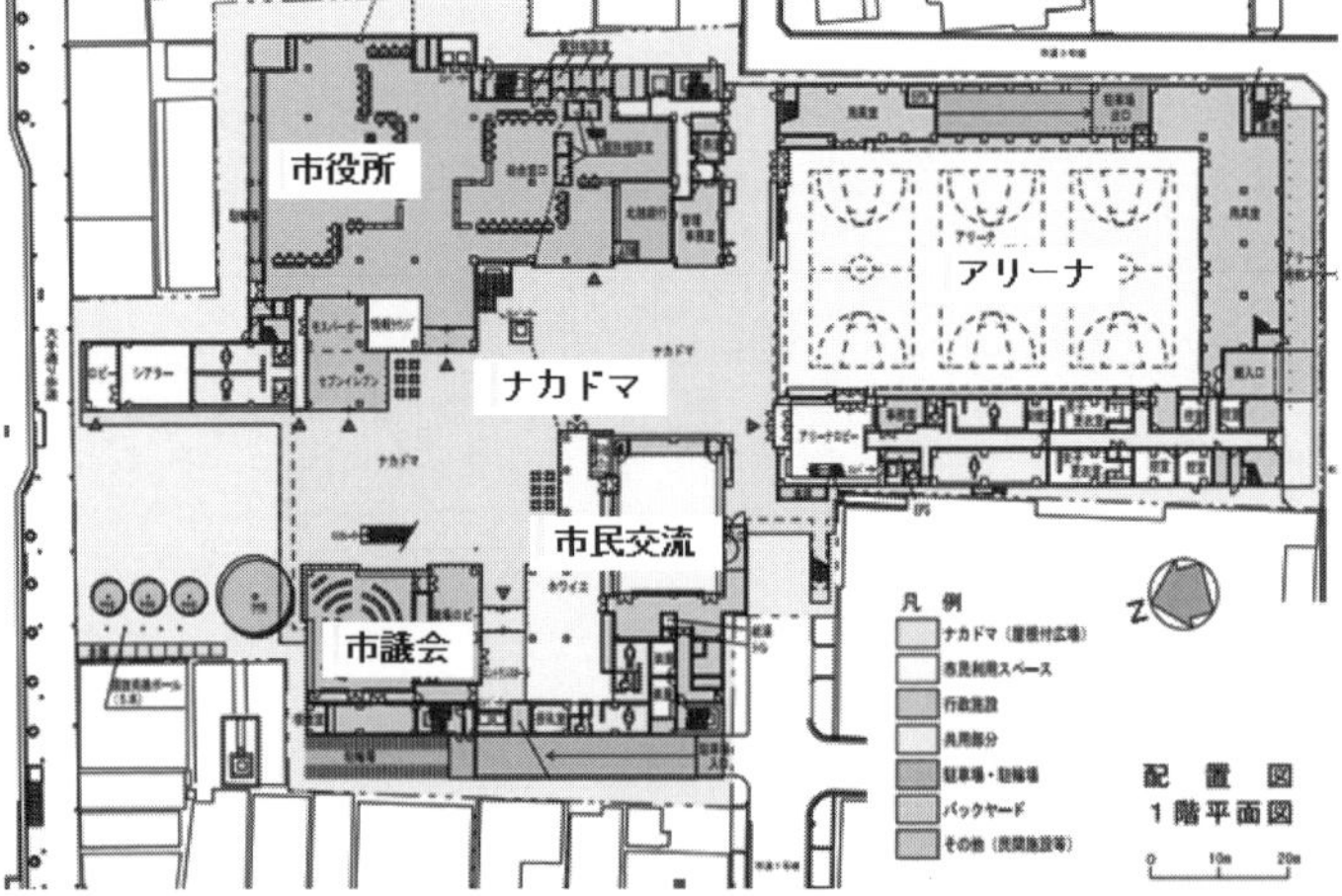

・バスなど公共交通の結節点である長岡駅から離れている → 車を運転しないお年寄りや障害のある人などには特に不便。

また、長岡駅周辺の中心市街地は空洞化が進み、中心市街地に再びにぎわいを取り戻すことが、合併して大きく成長した長岡市の大きな課題となっていた。

これらを踏まえ、「市役所機能は中心市街地へ集約配置する」ことが中心市街地の空洞化への最適な方策として、市庁舎を移転することにした。

整備コンセプト

建設地は、ＪＲ長岡駅前に位置し、かつて長岡藩の城があった場所であり、これまで市民に親しまれた厚生会館の跡地とした。

長岡藩は領主と領民の垣根が低く、両者が一体となって藩を盛り上げてきたといわれ、「市民協働」のさきがけといえる長岡藩の精神が現代にも受け継がれているといわれる。その形を表すものとしてシティホールプラザ「アオーレ長岡」を整備した。

その整備コンセプトは次のようなものである。

・生活のぬくもりと人々のにぎわいにあふれた「まちの『中土間《ナカドマ》』」を創出。

・あらゆる世代の多様で自発的な活動を実現する場として、また、市民活動の「ハレの場」として、誰もが憩い集う「市民交流の拠点」を創出。

・行政と市民の活動が市松模様のように交ざり合ったアリーナ、ナカドマ（屋根付き広場）、市役所が一体となった施設として整備。

ちなみに、アオーレとは「会いましょう」を意味する長岡地域の方言で、さまざまな人と人、人とモノの出会いが生まれるという期待が込められている。

施設概要

・敷地面積　1万4939・81平方メートル
・構造規模　鉄筋コンクリート一部鉄骨造　地上4階地下1階　延床3万5529平方メートル
・最高高さ　21・4メートル
・主要諸室
4階：市役所執務スペース、議会関連諸室
3階：市民協働センター、市民交流ホール、市役所執務スペース
2階：市役所執務スペース、議場・傍聴席
1階：ナカドマ、アリーナ、市民交流ホール、市役所総合窓口、議場、シアター、コンビニ、カフェ、銀行
地下：駐車場（103台）

主要施設・空間

ナカドマを中心に市役所、市議会、市民交流ホール、アリーナが配置され、混然一体となって活用されている。

▽ナカドマ（屋根付き広場）約２２５０平方メートル
・全天候型の施設で自由な使い方ができる空間
・誰もが気軽に立ち寄り、憩い集うことができるフリースペース
・自由な発想で利用可能な「ハレの場」
　公園と同じ考えで24時間３６５日開放
　イベントなどの利用料金　50円／平方メートル・日
　センサーおよび24時間常駐警備監視体制によるセキュリティ
・３００インチの大型ビジョン、式典やミニライブなど、イベントと連動した利用が可能
・建物内にコンビニやカフェを併設
・移動販売車や屋台などの自由な出店が可能
・災害時など不測の利用を想定して20トンの大型車も移動可能

▽アリーナ　約２２００平方メートル
・バスケットボールやバレーボール、格闘技などのプロスポーツ興行も可能
　最大５０００人収容（バスケットボール３面分）

・各種学会、セミナー、講演会の場
・式典、集会、コンサートや自動車の展示会など幅広いニーズに対応
・スケートリンクも可能

主な取り組み

・省CO_2の情報発信、環境教育の場としての取り組み
西棟1階のホワイエには、省CO_2情報をタッチパネルで検索できる機器を設置（利用時間：午前8時〜午後8時）。太陽光パネルや天然ガスによる発電状況、雨水の利用状況、CO_2削減量など、その時点のリアルタイムの情報をグラフや映像でみることができる。

安全安心まちづくりへの取り組み

・大規模避難所としての活用
災害時にはナカドマが一次避難場所として活用でき、さらに、ハンガー扉を開けてアリーナと一体的に利用することも可能である。
・災害対策本部
災害対策本部の設置場所は、市長室から近く、ナカドマなどでの防災活動が見渡せる場所としている。
・ライフライン途絶対策
太陽光発電、中水道設備、自家発電設備（72時間）などを設けている。また、市内の越路に

天然ガスの会社があり、そのガスを利用した天然ガスコージェネレーションシステムとしている。

長岡防災シビックコア地区・市民防災センター

シビックコア地区

長岡市では、中心市街地の活性化をめざし、広域行政拠点、市民交流の拠点の形成を進めていたところに、中越地震が発生したことから、長岡地域の防災性向上を意図して市民防災拠点の形成を加え、「長岡防災シビックコア地区」の整備を進めてきた。

ここの主要な施設の1つである「ながおか市民防災センター」には市民防災の拠点機能と子育て支援や交流を図る機能があり、寒冷期でも子どもが遊べるよう屋根付き広場が併設されている。これは中越地震の経験から、災害ボランティアなどの活動拠点としての活用を意図したものである。東日本大震災の際は、ボランティアセンターの本部が設置され、活用された。まちなかに冗長性・多用性（Redundancy & Usability）をもつ施設が存在することが、有事の際の大きな力となる。

主要施設

・ながおか市民防災センター

・長岡市消防本部

■ 長岡防災シビックコア地区の構想図

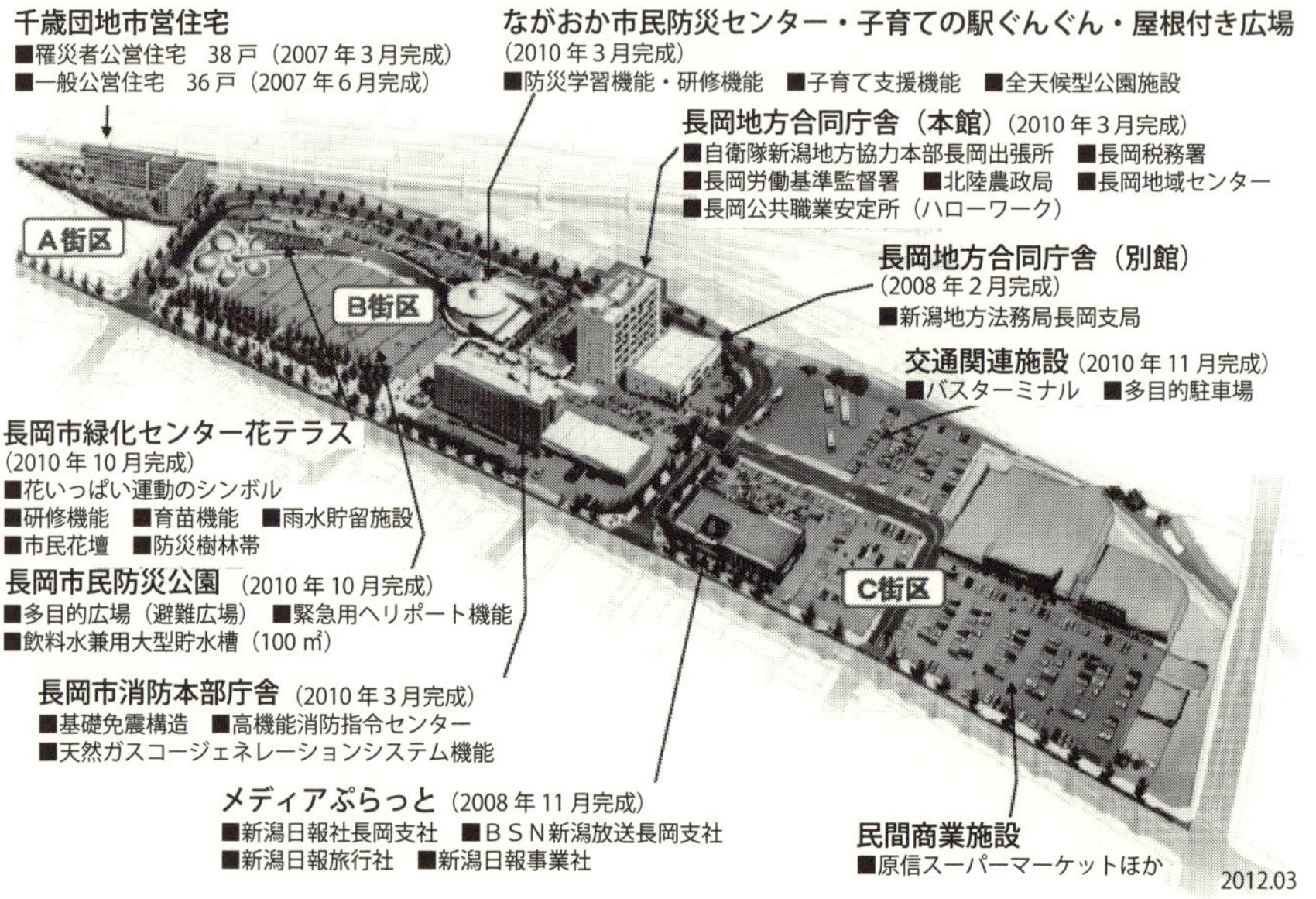

・緑化センター
・市民防災公園、多目的広場（芝生広場）
・長岡地方合同庁舎（法務支局、税務署、職安、労基、検察）

地区形成の経緯

２００２年から、長岡市の中心市街地における唯一の大規模空間である長岡操車場地区をシビックコア地区とする検討が始まった。そこでは中心市街地の活性化を目的に「長岡地域の快適な都市生活を支援する広域拠点の整備」を基本方針として、整備計画の検討が進められた。

２００４年、シビックコア地区整備計画を取りまとめる最終委員会を10月25日に開催することとしていたところ、その2日前の23日に中越地震が発生したため、委員会は必然的に延期となり、当地区は地震で被災した人々の仮設住宅の建設用地となった。

この被災を教訓に、都市防災の視点をより強めたものとし、地区の名称に「防災」を冠し、２００５年11月、「長岡防災シビックコア地区整備計画」が取りまとめられた。

２００６年から本格的な整備が始まり、国の合同庁舎、長岡市の消防本部庁舎、ながおか市民防災センター、防災公園などの施設が整備され、シビックコア地区が形成された。

市民防災拠点の形成

中越地震からの教訓

・防災関連施設・設備の耐震安全性効果と自立電源の確保、情報収集・伝達手段の信頼性向上と多重化、長期間にわたる避難を想定した一定規模のまとまりある避難・救護スペースの確保、食糧や毛布など十分な備蓄とスペースの確保、ボランティアなど応援者の活動スペースの確保など。

・震災メモリアルとして、地震災害に関する資料などの保存・展示や平常時における防災教育・学習の場、災害ボランティアの研修の場の確保など。

・多くの都市・地域からの人的・物的支援に応えるため、大規模震災の経験を踏まえた防災対策に関する総合的な研究やそれを通じて国内外の災害に対する支援のための総合的・実践的な能力を有する人材の育成の場の確保。

■ ながおか市民防災センターの機能

平常時		災害時
防災力向上、人材育成拠点	⇒	ボランティア等の活動拠点
①子育て支援		①災害情報提供
②防災学習		②ボランティアセンター設置
③防災教室		③物資の一時集積
④防災活動拠点		④打ち合わせスペース

中心市街地などとの連携

・災害時の対策本部となる市役所を中心とする駅前中心市街地と連携した役割・機能の確保。

・防災訓練や出初め式などのイベントの際は、駅前中心市街地などと連携した多世代の市民が参加できる催しを開催するなど、中心市街地の活性化への寄与。

ながおか市民防災センター

市民防災の拠点機能と長岡オリジナルの「子育ての駅」を融合させた施設としている。

平常時には、親子サークルやNPOと協働・連携した子育て支援や市民防災力を高めるための人材育成、市民向けの防災学習や研修など、災害時はボランティアなどの活動拠点として活用できる機能とあわせ、多目的に利用できる屋根付き広場を併設している。

また、中越地震を教訓として、震災に関する記録や研究活動を推進・支援するとともに、研究成果を安全安心な地域づくりや防災安全産業の振興に役立てることを目的に設立された中越防災安全推進機構が入居している。これも本施設の防災的活用に大きく貢献しているといえる。

市民防災センターの効用

本施設が市民防災拠点の中枢施設として整備され、活動の場ができたことから、防災への機運がいっそう高まり、２０１０年には中越防災安全推進機構が中心となり、災害発生時におけるスムーズな被災地支援活動を目指して、関係各組織・団体と連携し、組織間の役割を明確にし、緩やかなネットワークを形成することを目的に「被災時対応検討会」が設置された。

災害発生時は、ボランティアの力だけでなく、地域のさまざまな団体・機関が連携・協力して復旧・復興に対して支援活動を行うことが必要となる。しかし、実際は個々の団体がそれぞれの判断と流儀でばらばらに活動を実施し、結果として支援内容が重なるなど、その効率性や効果が低下することになる。

各団体・機関が「連携・協働して」というのは簡単だが、自然発生的には無理であり、前もって「仕掛け」や「仕組み」がないと機能的には動けない。そのための仕組みとして、災害ボランティアセンターを設置することとなった。

東日本大震災における活動

東日本大震災においては、検討会の成果を活かし、本施設に災害ボランティアセンターの本部が設置された。

▽東日本大震災ボランティアバックアップセンター（東日本大震災ＶＢＵＣ）

・被災地で支援活動を行う団体などに対して、長岡を拠点に救援物資の補給、情報の集約・発信、支援者のコーディネート、ノウハウの提供を行う。

・２０１１年３月17日午前９時設置。

・中越防災安全推進機構が中心となって関係団体と設置、協働運営。

東日本震災において、長岡は支援物資の収集・搬送拠点となった

▽長岡災害支援ボランティアセンター

・福島県からの避難者を受け入れる避難所が長岡市内に設置されたことにともない、避難者の支援活動を行うボランティアの調整（確保、確認、派遣）を行う。

・２０１１年３月18日午後２時設置。

・長岡市社会福祉協議会が中心となって関係団体と設置、協働運営。

▽活動内容

・ボランティアの確保・派遣

活動期間　３月19日～６月16日（91日間）

総登録者数　１６４４人（長岡市民に限定）

延べ活動人数　３７５５人
日最大活動人数　１２４人
・支援物資の収集・搬送
活動期間　３月18日〜５月24日（68日間）
延べ出荷数　２７０８件
出荷回数　１５８回（45日）
出荷重量　１６９・４トン

5
章

chapter 5

企業の具体的取り組み

あらゆる災害から人・物・情報を守る安全安心なオフィス

ヒューリックのビルづくりで重要視するのは、災害に強いＢＣＰ対応、CO_2排出量の削減目標を達成するための環境配慮、それと１００年間ビルの価値を継続させる長寿命化である。

ＢＣＰ対応とは、震度７の地震の場合でも継続的に建物を使用することができる耐震性を備える構造とすることと、災害時に公共インフラが途絶した場合でも、３日分の電気、給水、排水を確保することによって、使用者が建物内にとどまることができるようにすることである。

環境については、２０２０年までに１９９０年比でCO_2排出量を保有ビル全体での削減目標達成のためにさまざまな省エネ手法を導入している。

長寿命化とは、高い耐震性能、高い耐久性能をもつということだけではなく、１００年以上の間、常に時代のニーズに柔軟に対応できるように、設備やデザインをテナントが居ながらにして更新・リニューアルできるように、改修・メンテナンスがしやすい建物としてつくっておくということである。

このようなＢＣＰ対応、環境配慮などの付加価値を盛り込んだ１００年建築・長寿命化ビルを目指した本社ビルの概要を紹介する。

■ハイブリッド構造モデル

■免震装置レイアウト

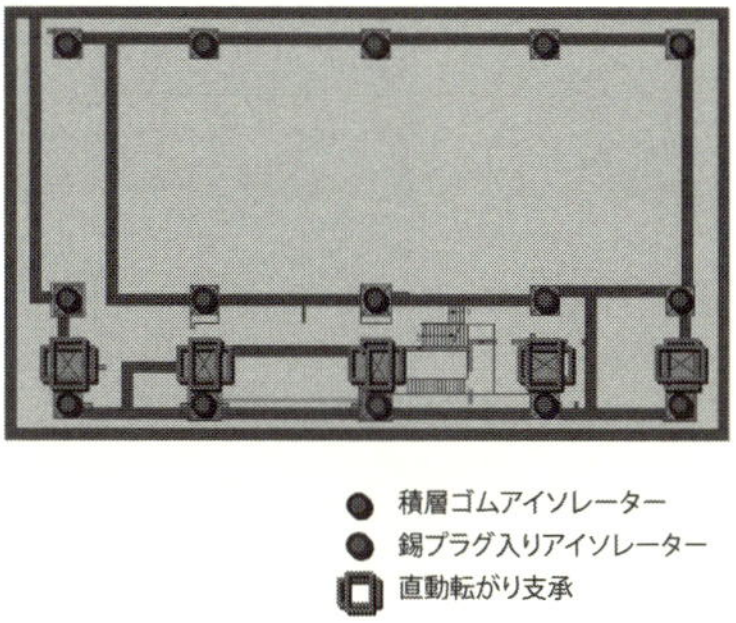

最高ランクの安全性を実現する
「免震構造＋ハイブリッド構造」

地下1階柱頭部分に免震装置を設置した中間層免震構造を採用し、耐震性能「Ｓクラス」を実現した。免震装置は、積層ゴムアイソレータ（15基）と直動転がり支承（５基）を効果的に組み合わせ、首都直下型地震だけでなく長周期地震（南関東地震を想定）も考慮した最高ランクの安全性を確認している。また、地上部分の架構は、コア側は鉄骨鉄筋コンクリート造、オフィス外周部はプレキャストコンクリート造、オフィス内は鉄骨造といったハイブリッド構造を採用し、合理性を追求した構造計画によって、機能的な空間を実現させている。

アウトフレームによる機能的な無柱空間
——「ワンプレートオフィス」

基準階は、プレキャストコンクリートによるリブ柱と鉄骨梁によって、36×14メートルの無柱で（オフィス側に柱型がまったく出ない）、機能的なオフィス空間を実現した。コンクリートは供用期間１００年を標準仕様とし、躯体の

■ 基準階平面図

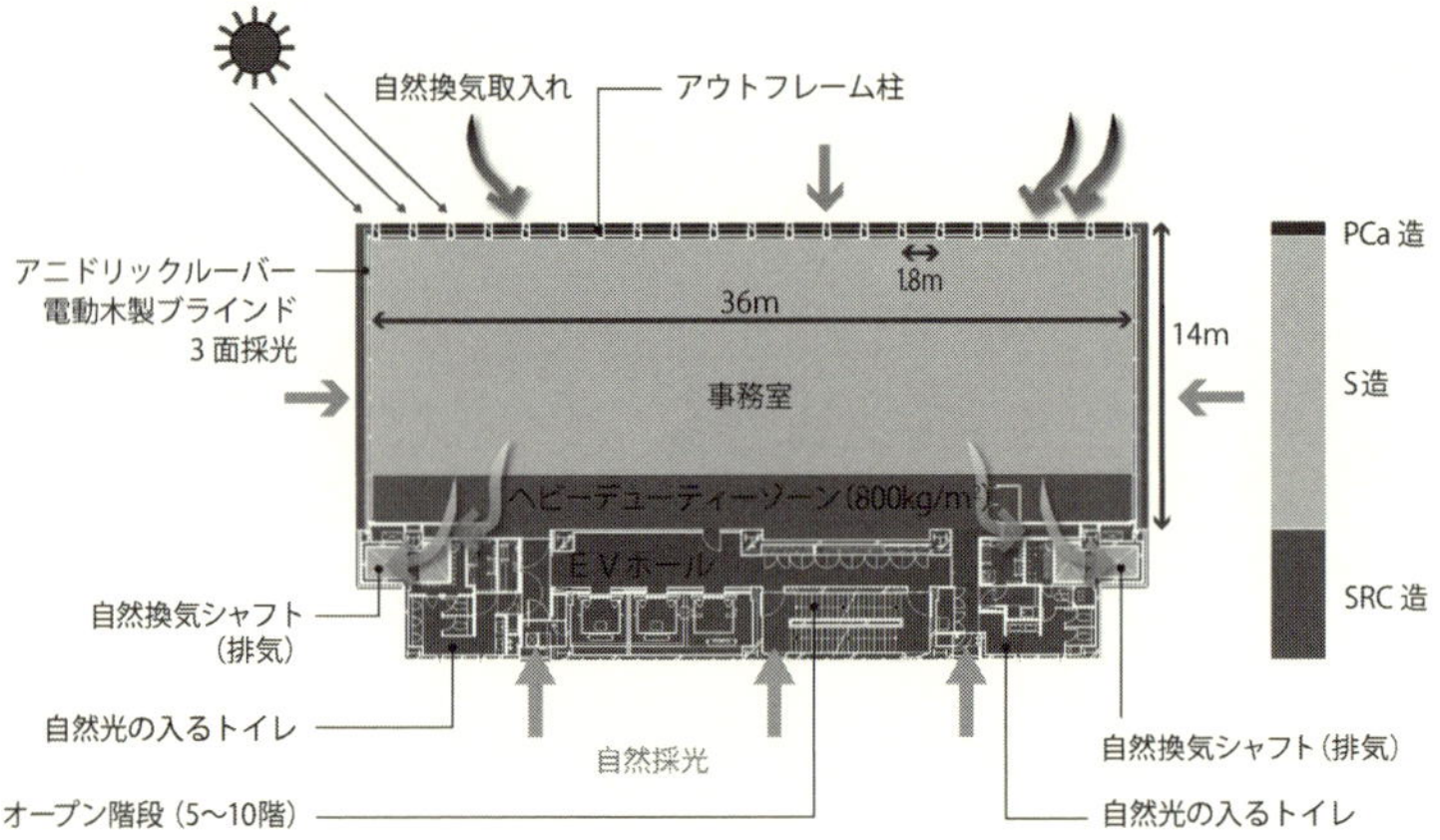

長寿命化に配慮するとともに、現場型枠の削減によって環境にやさしい構造計画としている。

災害時にもオフィス機能を維持する安心のエネルギー計画

　災害時の機能維持のため屋上に非常用発電機を設置し、オイルタンクには6日間（144時間）の運転が可能な容量を確保している。中央管理室、サーバー室、非常用エレベータ等の重要機能だけでなく、基準階共用部（トイレを含む）の15%程度の電源をバックアップしている。また、2階大会議室は、災害時には非常用発電機により照明（250ルクス）、コンセント、空調をバックアップし、災害対策室として機能するよう計画している。屋上に設置した太陽光発電パネル（10キロワット）の電力も通常時は館内で使用し、非常時には災害対策室の非常用電源としても使用できる。

■ ビル断面図

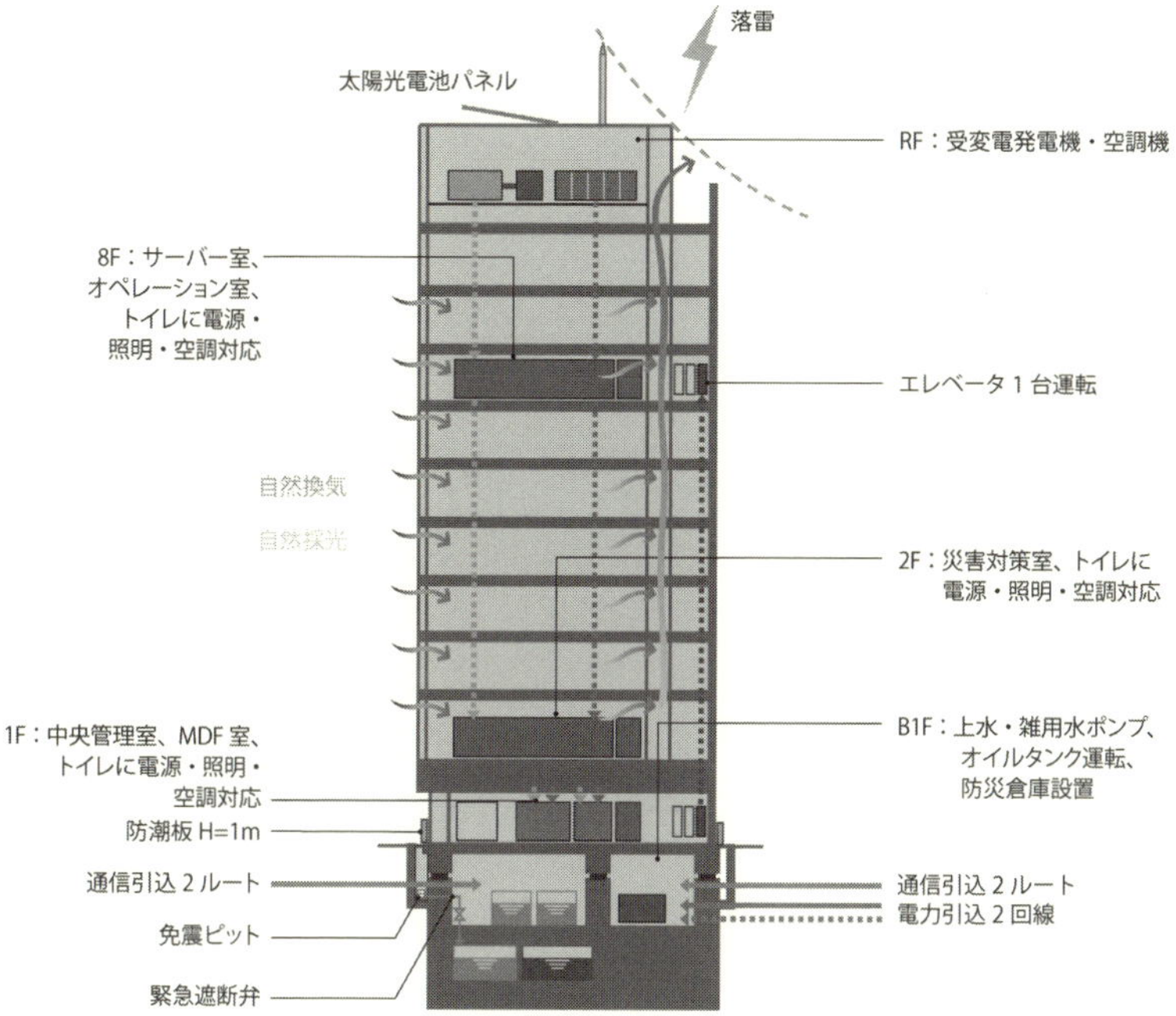

■ 太陽光発電パネル

館内の人・物・情報を守るＢＣＰ対策

受水槽と地下ピットには常時３日分の給排水が可能な容量を確保し、館内には社員７日分の水・食料を確保できる防災備蓄スペースを確保している。津波などの浸水対策として、防潮板（高さ１メートル）や免震ピットからの浸水を防止する緊急遮断弁を設置し、電気系設備はすべて２階以上に設置している。また、９階、10階のスプリンクラーには真空スプリンクラーを採用し、誤発報によるオフィス機能の被害を防止している。

安全安心を実現する多段階のセキュリティ計画

共用部、専有部、重要室と多段階のセキュリティレベルを設定している。非接触ＩＣカードを利用した個人認証による入退出管理システム、ＩＴＶカメラによる監視システム、各種防犯センサーによる機械警備システムなど、最新の機械警備システムによって、お客さまへのサービスと社員の使い勝手の妨げにならないセキュリティ計画を実現した。休日・夜間は警備会社によるオンライン監視を実施し、警備会社が異常信号を受信すると、最寄の緊急発進拠点より安全のプロが急行する。

機械空調に頼らない画期的な「自然換気システム」

無風状態から風速10メートル／秒まで一定量（５回／時以上）の換気量を確保できる画期的な自然換気システムである。北側カーテンウォールのバランス型定風量換気装置で給気し、各階２カ所の換気シャフト（ソーラーチムニー）により屋上へ排気する。ソーラーチムニー内には蓄熱

■ 屋上のソーラーチムニー

■ 自然換気平面イメージ

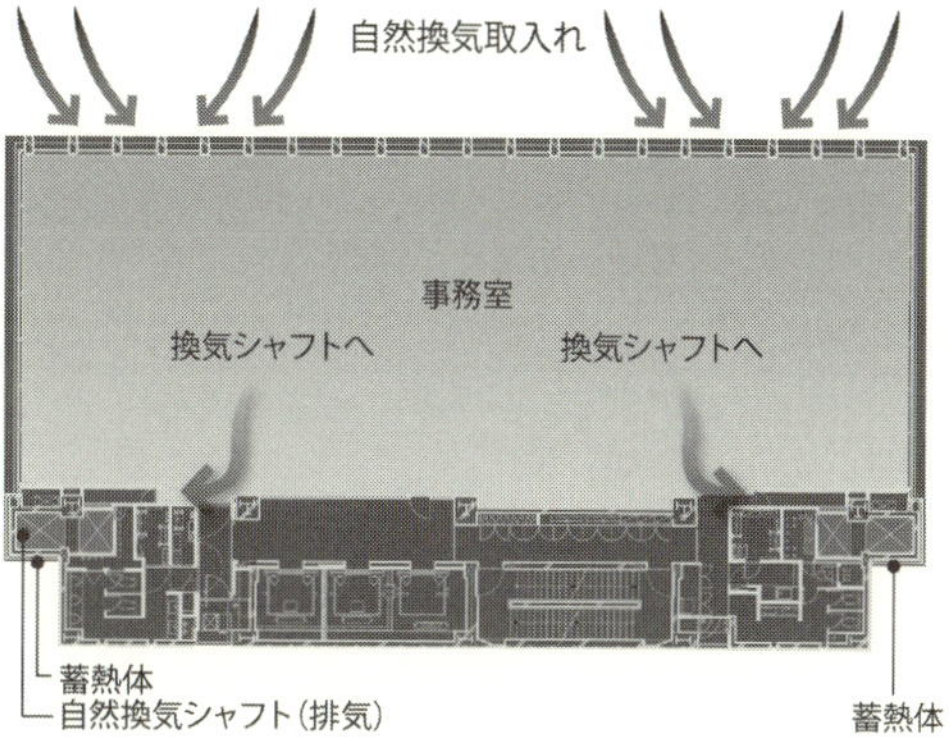

■ 自然換気断面イメージ

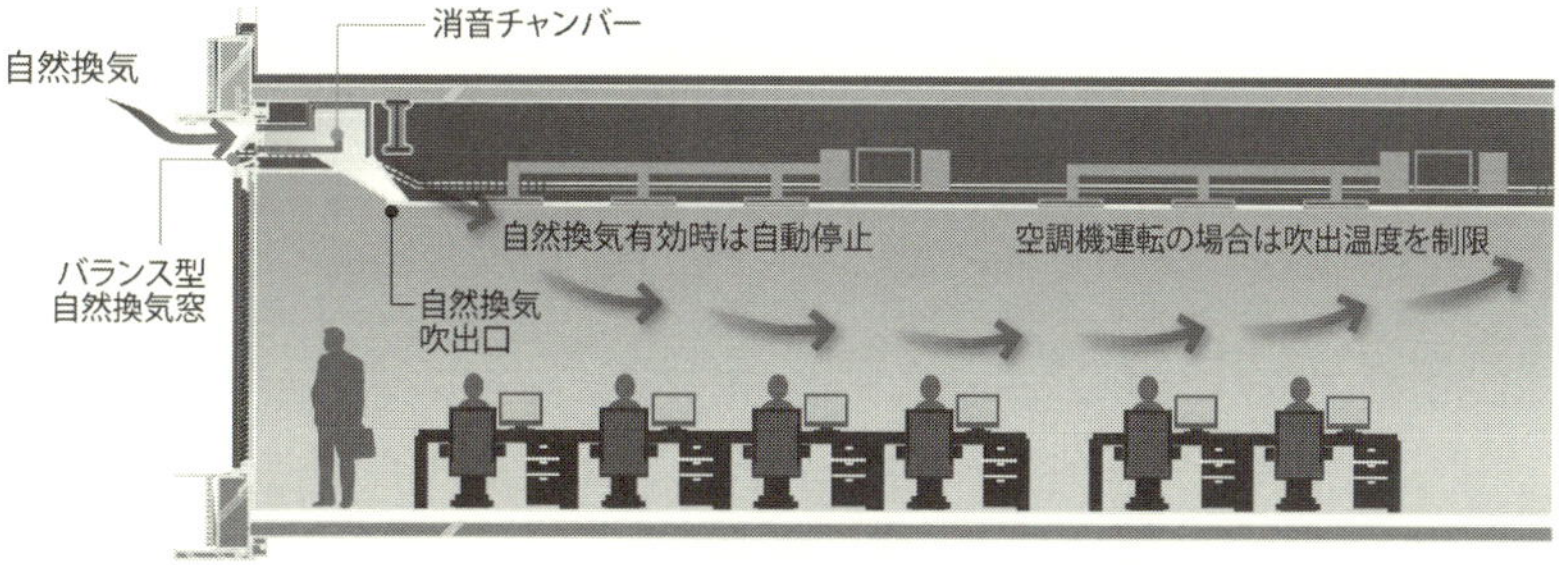

材を設置し、太陽熱蓄熱効果で自然換気効果を促進する。ＭＩＴ（米国マサチューセッツ工科大学）との共同研究により本システムの有効性をシミュレーションし、単なる機械空調の補助ではなく、中間期には自然換気のみによる空調を実現した（２１１ページの図参照）。また、給気口には消音チャンバー（マイナス20デシベル）を設置し、騒音値の高い都市部での自然換気システムを実現した。動力をほとんど必要としないシステムのため、災害時でも自然換気での空調が可能である。

■ アニドリックルーバー

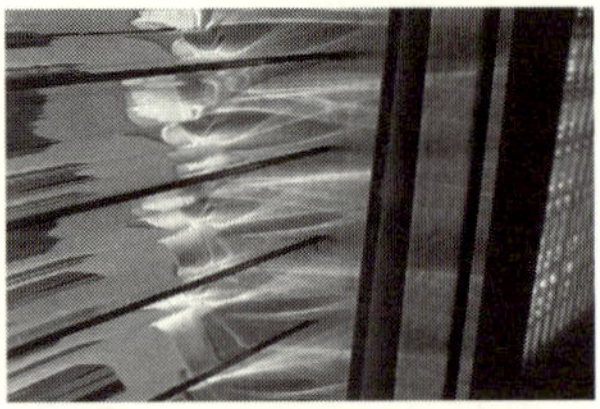

■ 光反射シミュレーション

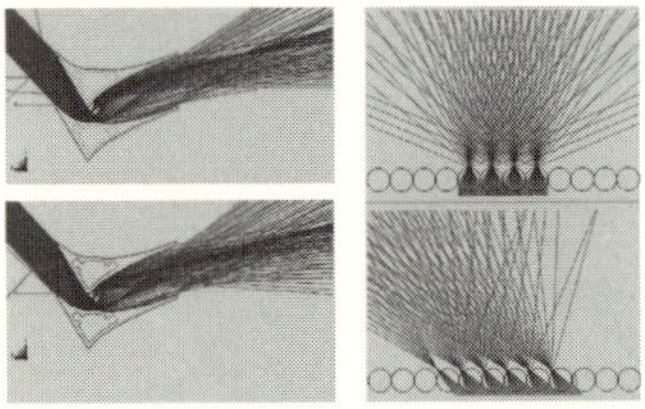

■ 自然採光イメージ

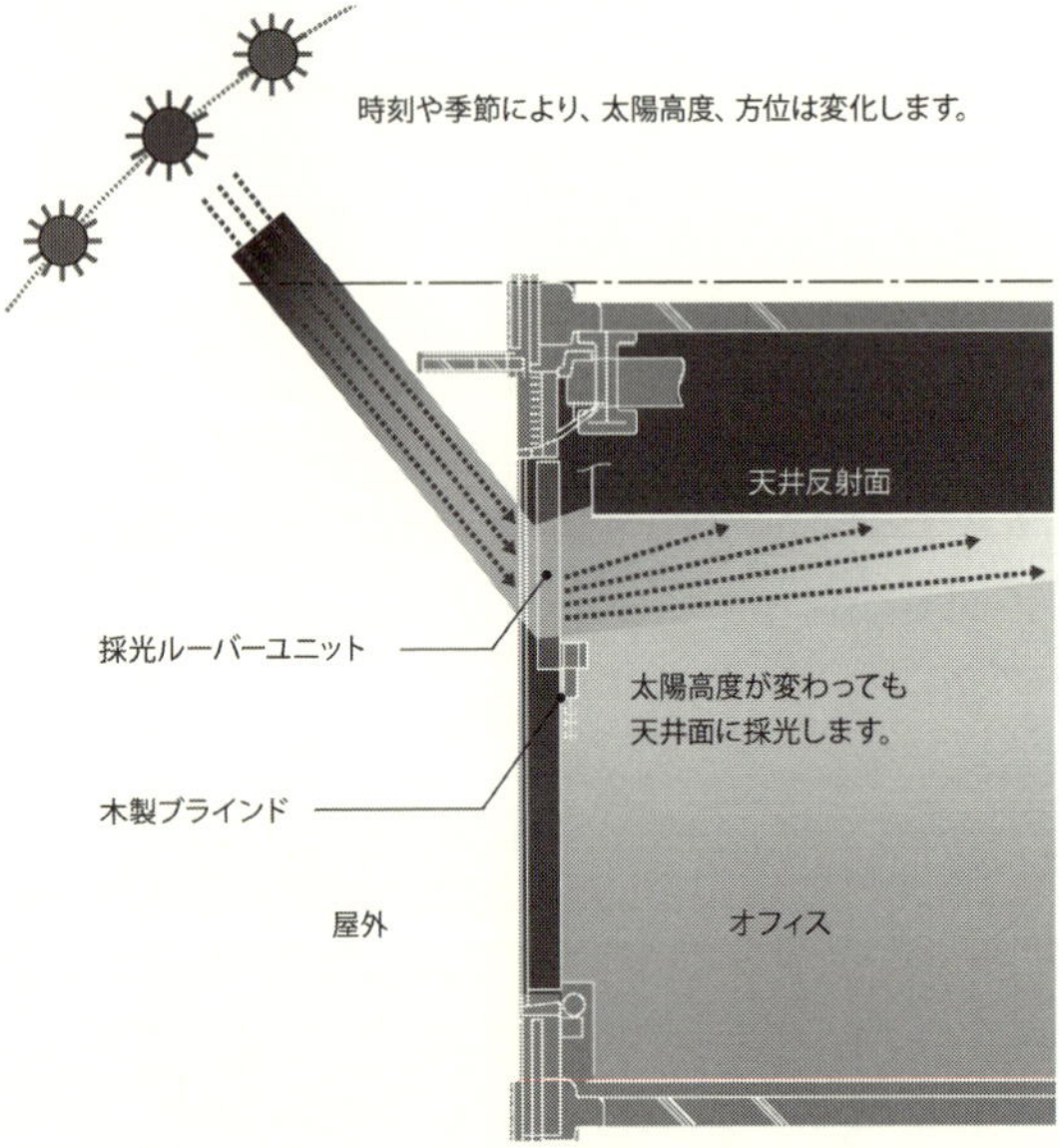

変化する太陽高度に対応する「アニドリックルーバー」

５階以上のオフィスには、ＭＩＴとの共同開発による自然採光ルーバー（アニドリックルーバー：特許出願中）を設置している。欄間《らんま》部分に取り付けた特殊形状の固定ルーバーによって、動力を使うことなく、季節や時間によって太陽の位置・高度が変化する中で、常に太陽光を室内天井面に取り込む。室内天井材は反射率の高い金属パネルによる反射天井とし、オフィス机上面に均一で優しい自然光を取り込む。窓面から９メートルの位置でも５００ルクスの自然光を取り込めるため、災害時にも効果的に採光を確保することができる。

ヒューリック株式会社　田中　延芳

■ ヒューリック本社ビル

建物概要
所在地：中央区日本橋大伝馬町７－３
構造：Ｓ造、ＳＲＣ造、一部ＰＣａ造（免震構造）
階数：地下１階、地上 10 階、塔屋１階
最高高さ：49 m
敷地面積：996.71㎡
延床面積：7687.94㎡
建築面積：735.94㎡
用途：事務所
駐車台数：24 台
竣工：2012 年９月
設計・監理：日建設計
施工：大成建設・飛島建設共同企業体

オフィスの概要
基準階面積：567.95㎡
天井高さ：2,800mm（ＯＡフロア 100mm）
積載荷重 500kg／㎡
（ヘビーデューティーゾーン 800kg／㎡）

避難施設への備え――セーフパーティション

調査研究のスタート

２００７年７月、新潟県中越沖地震が発生し、テレビなどでもその被害の状況が報道される中、避難所となった学校の体育館における避難者の過酷な様子が画面に映し出されていた。

これを受け、ＬＬＰシビックデザインでは、避難所として指定されている学校、さらには応急避難場所となるほかの公共建築について耐震性の確保とあわせ、避難所施設としての劣悪さを認識のうえ、「安全安心まちづくり研究会」を設け、喫緊《きっきん》のテーマとして「避難所施設のあり方」の調査研究が進められてきた。

調査研究にあたっては、長岡市における新潟県中越地震の被災、復旧・復興の状況を調査するとともに、柏崎市において新潟県中越沖地震における避難所の運営に携わった方や避難生活をした方などから、その実情をヒアリングし、避難所施設のあり方を提案した。

その後、それらの実現化、具体的な方策を検討することとなり、岡村製作所も参加して調査研究を進め、既存施設の有効活用による避難所施設のあり方を再度提案した。

■ 設置者別学校数（2013 年学校基本調査）

	小学校	中学校	高等学校	大学校
公立	20,837	9,784	3,646	90
私立	221	771	1,320	606
国立	74	73	15	86
合計	21,132	10,628	4,981	782

出典：文部科学省「平成 25 年度学校基本調査」

緊急避難先としての教育施設

地方自治体では、避難所として公共の教育施設などを指定しており、被災時において学校の体育館などが多く利用されている。

全国の教育施設のうち小学校は２万１１３２校あり、そのうち99％が公立の小学校である。また、中学校１万６２８校、高等学校４９８１校、大学は７８２校、合わせて３万７５２３校の教育施設がある。教育施設は日常は学びの場であり、また、地震や大型台風などの非常災害時には地域の緊急避難先として重要な役割を果たしている。

体育館の耐震補強材が設備ストック空間に

避難所となる体育館の中には、早急に耐震補強する必要がある建物もある。文部科学省の調査によると、全国の公立小中学校における耐震化率は２０１２年度に84・８％に達したが、当研究会発足時の２００７年時点では58・６％であったため、耐震化工事の機会を利用して災害に備えるアイデアを提案した。

なお、文部科学省では公立学校施設の耐震化を２０１５年度末までに完了させることを目標に、各地方自治体の取り組みを積

■ 構造サポートシステム

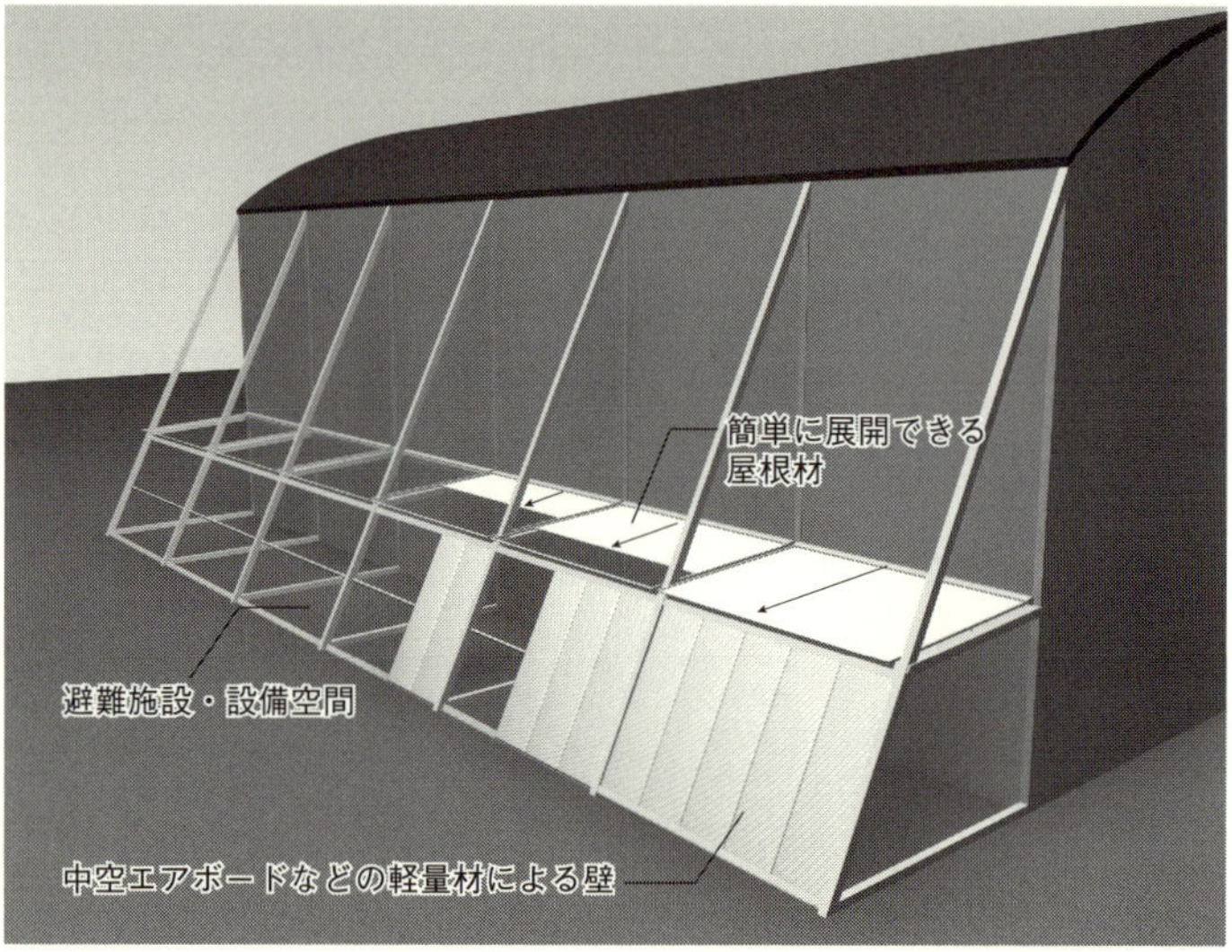

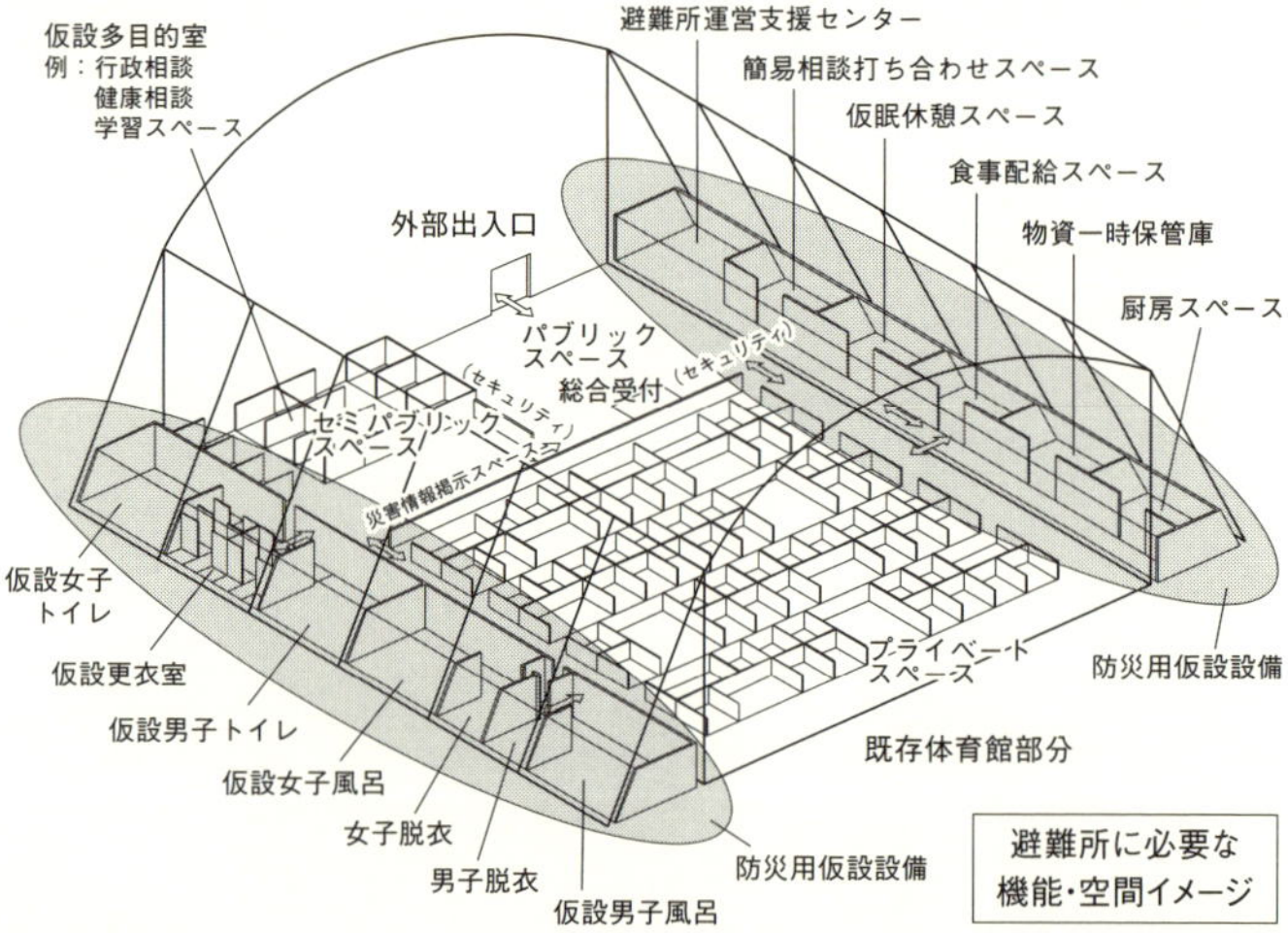

避難所に必要な
機能・空間イメージ

極的に支援している。

ここで提案する「構造サポートシステム」は、まだ耐震補強されていない体育館に補強を行うとともに、災害時の備えをしておくシステムである。通常の学校体育館は鉄骨のアーチ式や山型式の構造が多く、１９８１年の新耐震設計法以前に建てられた体育館は耐震性が低いため、補強が必要になる。通常は壁面に補強のブレースなどを取り付けるが、その補強材を外部に取り付ける提案である。

体育館の大屋根架構の端部に地震時の水平力に有効に働く斜めの構造フレームを設置することで、本体の構造体の外側から体育館全体を支えるような補強フレームとしている。体育館の外壁と斜めの構造フレームに囲まれた三角形の空間は、災害時の物資置き場・設備ストック空間としての活用が可能である。また、テント素材による簡易な屋根をかけて半屋内空間にしたり、壁と屋根を設置して屋内空間化することで、被災者の避難所生活を支援する有効なスペースとなる。

オフィス家具を組み替えてプライバシー空間に

被災者が健康な状態で避難所生活を送るために考えなければならないのは、プライバシーの確保と防寒・避暑対策である。「セーフパーティション」はそのような空間をつくるための簡易間仕切りである。

現状の避難所で見受けられる間仕切りは、荷造り用の段ボールを利用しているが、背が低くプライバシーの確保は困難である。避難生活が長くなると、よりいっそう過酷な状態となる。仮設住宅などへの転居まで、精神的な側面も含めて、体への負担を最小限にし、プライバシーにも配

■ セーフパーティション

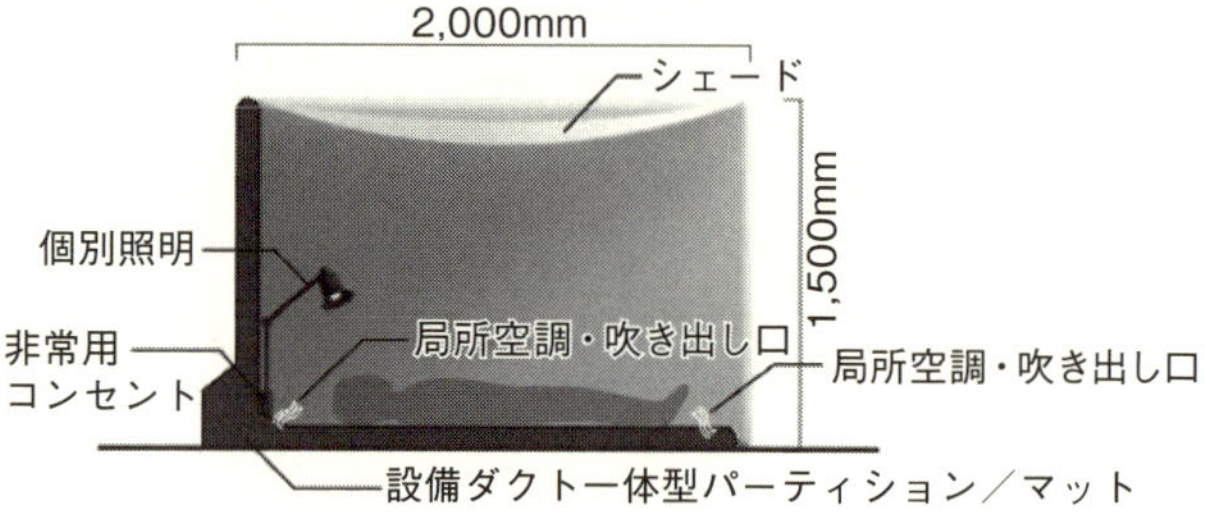

間仕切りは1人用、家族用など個人が必要とする生活単位での
組み合わせが自由にできる

慮した提案である。落ち着いた色合いのパネル、囲われ感を演出するシェード、温風・冷風を送風するダクトユニットなど、少しの工夫で避難生活の大きな改善が期待できるシステムである。

しかしながら、専用のシステムはそれを購入する費用やあらかじめストックしておく場所、また管理のことを考慮する必要がある。そこで、通常は日々の業務で使用しているオフィス家具をはじめ、展示パネル、閲覧テーブル、学習ブースなど、どの公共施設にもあるような家具を非常時に利用する提案にも挑んだ。万一の時に、特別な工具なしで組み替えることで、最低限のプライバシー空間をつくりだす間仕切りシステムである。

２２０ページの図は、掲示板や案内板として日常使われている展示パネルを工具なしで簡単に組み替えられるシステムの提案である。災害時にはパネルを差し替えて、プライバシー空間がつくれる。18枚のパネルで15ブースの組み替えが可能である。

２２１ページの図は、職員室などで使用されているオフィス家具の間仕切りを工具なしで解体し、設置場所で簡単に組み立てられるシステムの提案である。図のジョイントレバーでそれぞれの仕切りを連結しており、工具なしで簡単に組み立て、解体ができる。直線連結、Ｌ型連結、Ｔ型、十型とさまざまな連結が可能で、避難所に合わせてふさわしい空間をつくることができる。

前述の安全安心まちづくり研究会に参加しての議論を礎《いしずえ》として、岡村製作所として独自に行った自社製品への取り組みを紹介する。

講義室のテーブルを簡易ベッドに

大学施設の講義室や公共ホールなども、その空間規模から十分な避難場所となり得る。そこで、

■ 間仕切りとして組み替え可能な展示パネル

空調機能

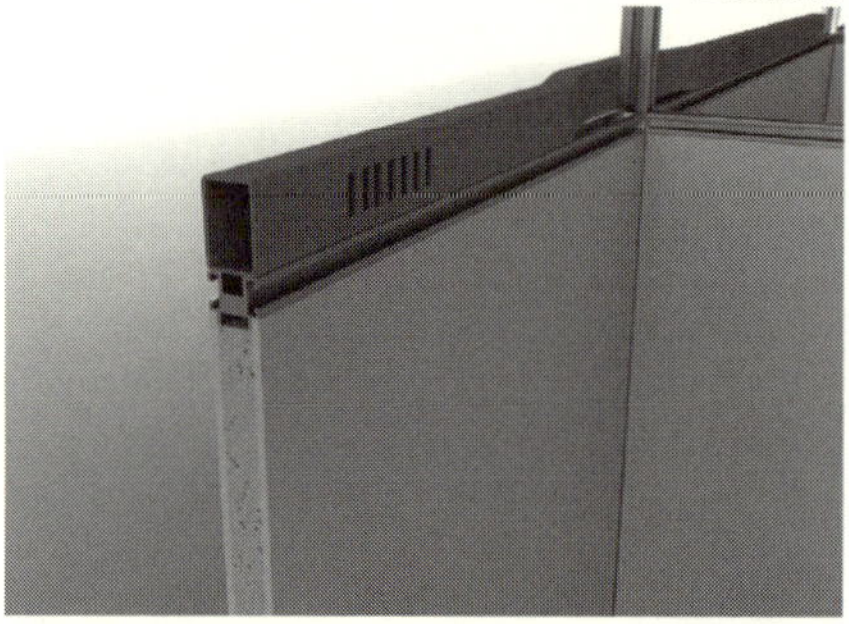

平常時

電源機能

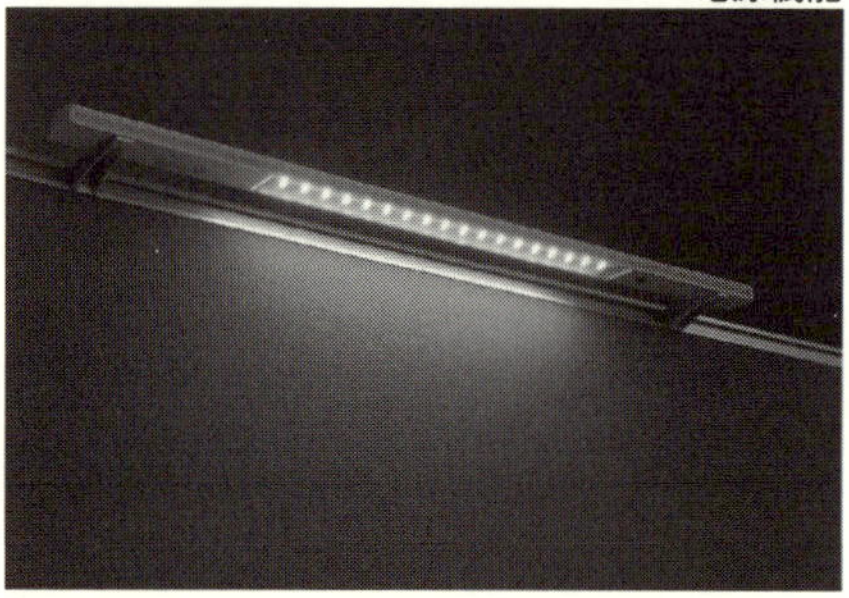

非常時

■ 工具なしで組み立てられるパーティション

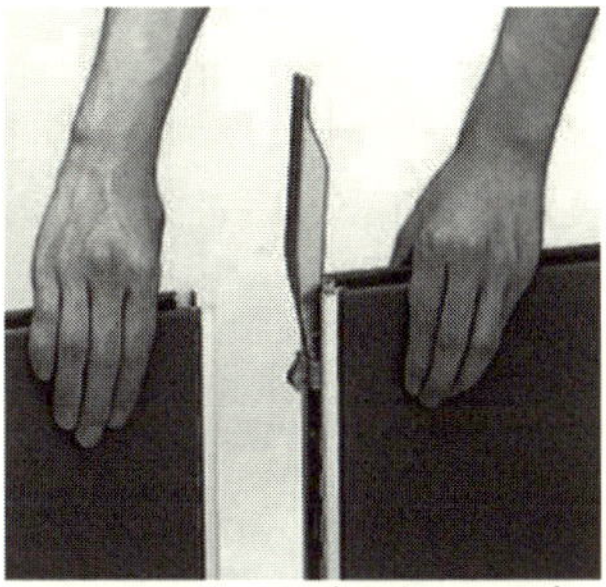
ジョイントレバー

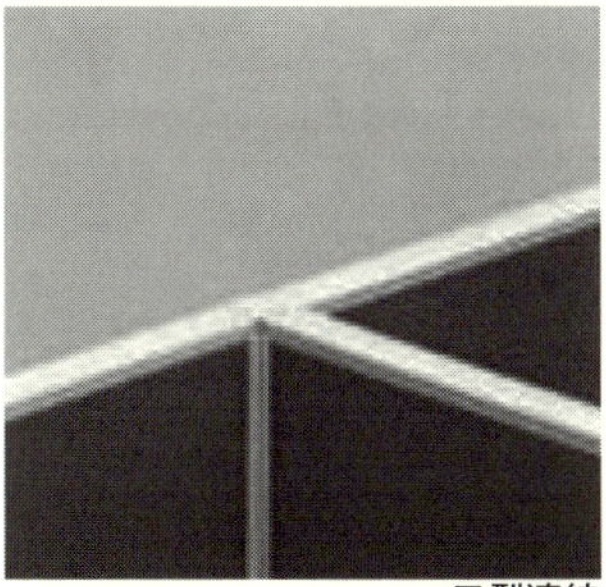
T型連結

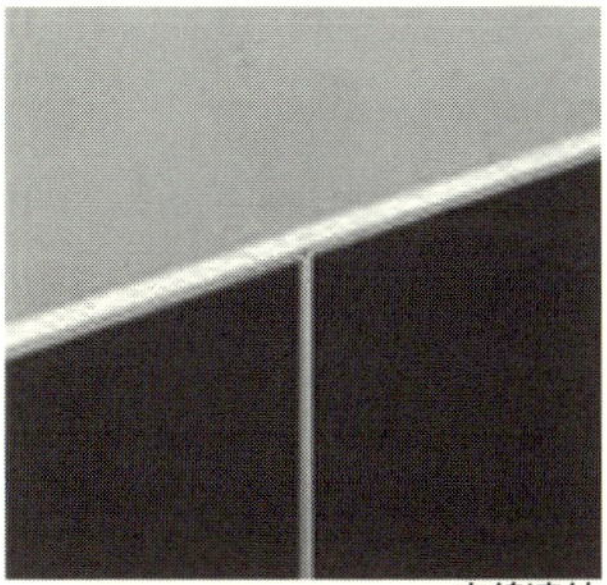
直線連結

平常時

非常時

■ 講義テーブルのレイアウト案

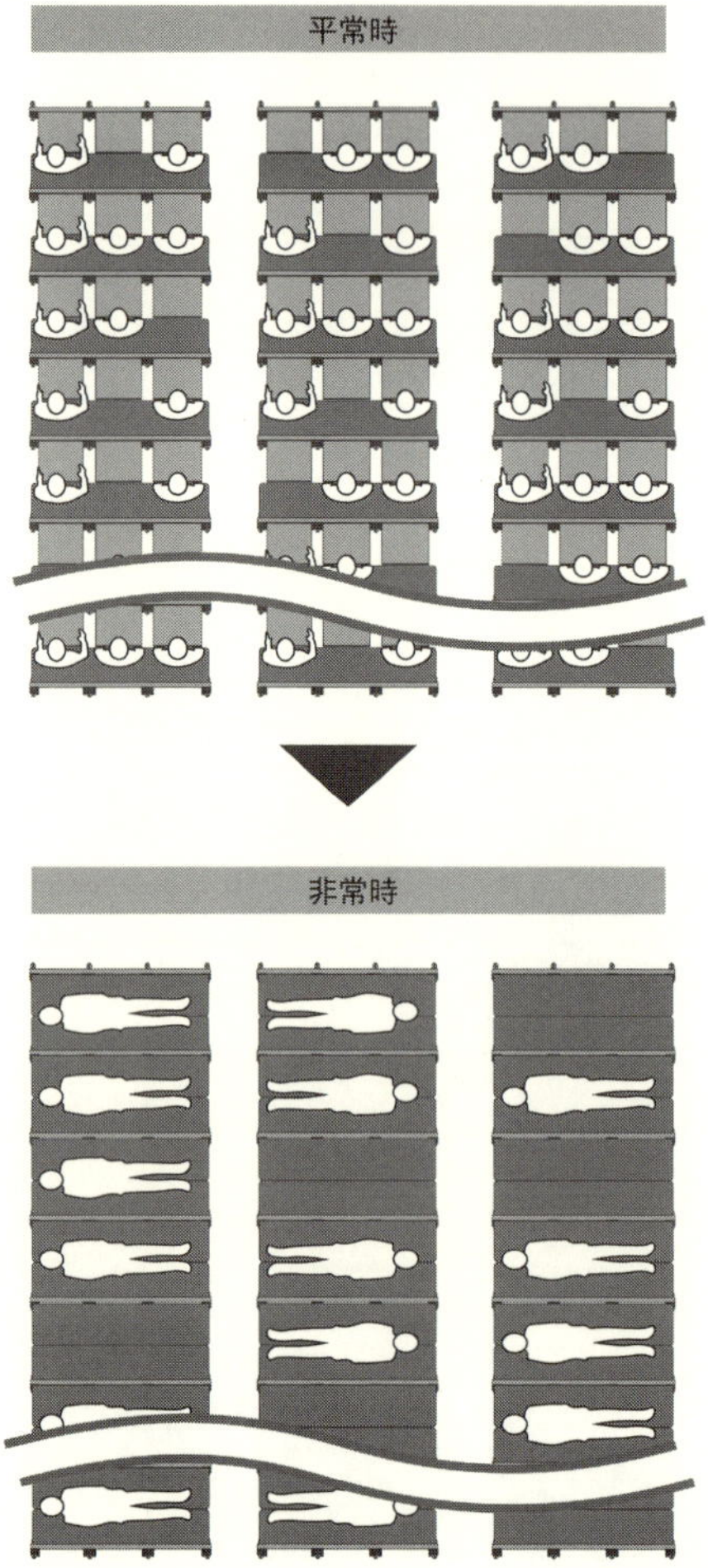

■ 簡易ベッドに組み替え可能な
講義テーブル

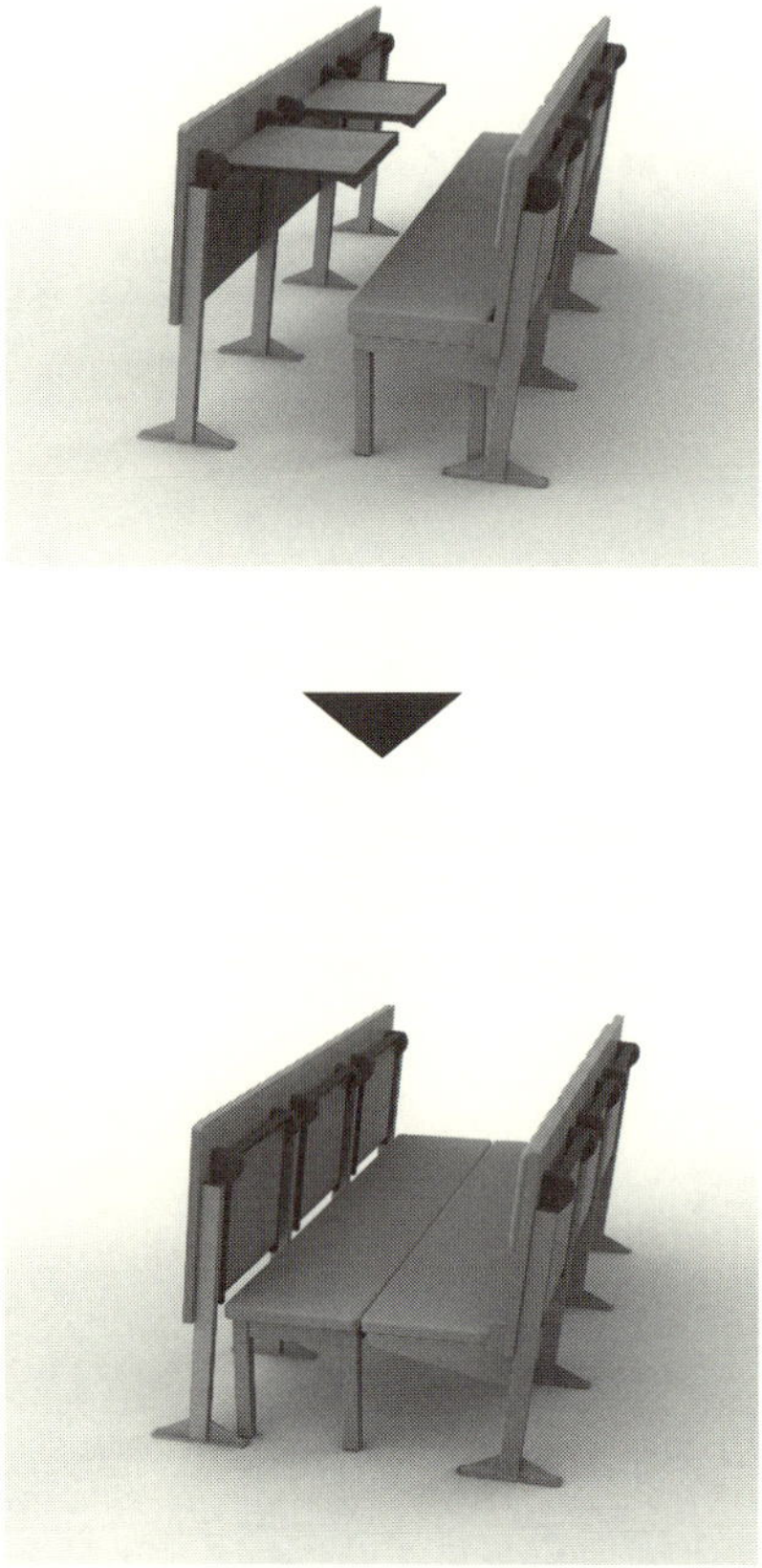

■ 停電の際には手動起上が可能

■ 電動起上式の防水板

固定設置されている講義用テーブル・チェアやホール椅子を簡単な組み替えでベッドや休息空間にすることを提案している。

２２２ページの図は、大学講義室などに設置してある講義テーブルを災害時に組み替える提案である。災害時には二重になっている座面パッドを分離し、ベンチをテーブル側に引き出す。座面パッドはマジックテープで簡単に外れる構造である。

ベンチが固定されていた金具に座面パッドを乗せると、図のように９００×１８００ミリのベッドとして使用することができる。折りたたみテーブルが組み込まれた幕板がパーティションとなり、簡易に遮蔽《しゃへい》された空間をつくることができる。

１２０名の学生を収容できる中型の講義室において、40ベッドを備えることができる。

防水板で浸水対策

これまで培ってきたさまざまな製造の技術を活用し、止水性能の高い防水設備を提供している。その１つが、大型台風、さらには東日本大震災で甚大な被害をもたらした津波などの水害から重要な公共施設を守るための防水板である（２２３ページの図参照）。

庁舎やオフィスビルなどのメインエントランスや地下駐車場入り口などの出入り口に防水板を埋設しておき、水害の発生時にボタンスイッチ操作で自動的に起上させ水の浸入を防ぐ。平常時は床面と同じ高さで通行に支障はない。万一の停電の際には手動操作での起上ができる。

株式会社岡村製作所　パブリック製品部

救援物資と災害情報を提供――次世代自販機

災害救援機能付き自販機

現在、清涼飲料自動販売機（缶・ＰＥＴボトル自販機の総称、以下「自販機」と呼ぶ）は全国で２５２万台稼働している*。諸外国に比べ日本は治安が良いことが、これだけの台数が普及した要因であり、日本独特の食文化であるといっても過言ではない。

いまや自販機は店頭だけではなく、オフィスや病院、交通機関、娯楽施設、官公庁など公共性の高い場所では必ずといってよいほど目にすることができ、あらゆる場所でその役割を果たしている。

「安全安心まちづくり」を提言するにあたり、自販機における社会貢献活動として「災害救援機能付き自販機」を紹介する。

災害の発生後、行政・自治体などから被災地へ救援物資が送られるが、災害の規模が大きいほど、必要とする避難所、企業、一般家庭に届けられるまで、相当の時間を要することが容易に想像できる。

先の東日本大震災においても避難所の場所を特定し、物資が届けられるまでに数日を要したことは記憶に新しいが、その間、被災者の方々はまちなかに設置されている自販機を壊し、収納さ

■ 災害救援機能付き自販機
右側のデジタルサイネージに災害情報を表示可能

れている飲料で生きるために必要な水分を補給したことはあまり知られていない。

こんなときに、災害救援機能付き自販機がもっと設置されていたら、自販機を壊さずとも、被災者の方々にいち早く提供することができたのでは……と考えてしまう。

災害救援機能付き自販機とはそもそもどのようなものか、以下に説明する。

災害救援機能付き自販機とは、広報などによって周知の事実確認がなされるような災害時に、管理者の操作により、庫内に収納されている飲料を救援物資として供給することができる機能をもった自販機である。

このような自販機は災害により電源が喪失した際でも、内蔵されているバッテリーで電力を供給し、施設の管理者が開錠用の鍵で操作を行うことにより、48時間以内であれば、収納されている飲料をすべて搬出できる機能を有している。

昨今では企業の事務所などにおいても、こうした自販機のニーズが高く、平常時は普通の自販機として稼働しているため、備蓄飲料のような賞味期限管理のわずらわしさがない。

このようなメリットから社員の福利厚生のためだけでなく、分散備蓄庫として設置されるケースも増えてきている。

前述のように、自販機は公共性の高い場所に設置されることが多く、災害時は避難所となるケースも想定されることから、安全安心まちづくりの一環として、今後もしかるべき場所に災害救援機能付き自販機が設置されていくことを切に願うばかりである。

デジタルサイネージによる災害情報無償配信システム

災害大国である日本で暮らしているわれわれは、自然の猛威に立ち向かう術《すべ》を持ちあわせていない。しかしながら、その脅威に対し、さまざまな備えをしておくことにより、被害・損害を少なくすることはできる。

ここでは「デジタルサイネージによる災害情報無償配信システム」を用いた安全安心のまちづくりについて提言する。

デジタルサイネージ（Digital Signage＝電子看板）とは、屋外や交通機関、店頭、公共施設など家庭以外の場所で、ネットワークに接続したディスプレー端末を使って情報を発信するシステムのことである。

ディスプレー端末ごとにコンテンツを制御できるため、設置場所や時間帯によって変わるターゲットに向け、適切なコンテンツをタイムリーに発信できることが特徴である。次世代広告媒体として、その価値の高さと、ポスターのように貼り替えの手間がかからない点が注目されている。

私たちが着目したのは、このデジタルサイネージによる災害情報の伝達である。

災害情報は、その地域、その場所によって必要とする情報が異なり、タイムリーさと正確性が要求されるが、災害発生時（または発生前）に地域に根ざした情報を得るために、このシステムが非常に有効なものである、と考案されたのが、東日本大震災からさかのぼること3年前であった。

もともとデジタルサイネージは宣伝広告・コマーシャル媒体として、世に普及してきたが、モニタ・サーバなどのインフラ整備にかかるコストやコンテンツ制作、通信費などの維持運営コストも高額で、ビジネスモデルとして確立されているものではなかった。

私たちが考案したデジタルサイネージによる災害情報無償配信システムは、併設する自販機の収益でイニシャルコストとランニングコストをまかなうもので、予算の確保が困難な地方自治体にも無償で提供することが可能な画期的なシステムである。

前述のとおり、自販機は公共性の高い場所には高い確率で設置されており、人が集まる場所＝デジタルサイネージによる災害情報が必要とされる場所であるということと、人が集まる場所＝飲料の販売数が多い→高額なデジタルサイネージのコストが捻出《ねんしゅつ》可能というビジネスモデルが成立している。

■ デジタルサイネージによる
災害情報無償配信システムの運用フロー

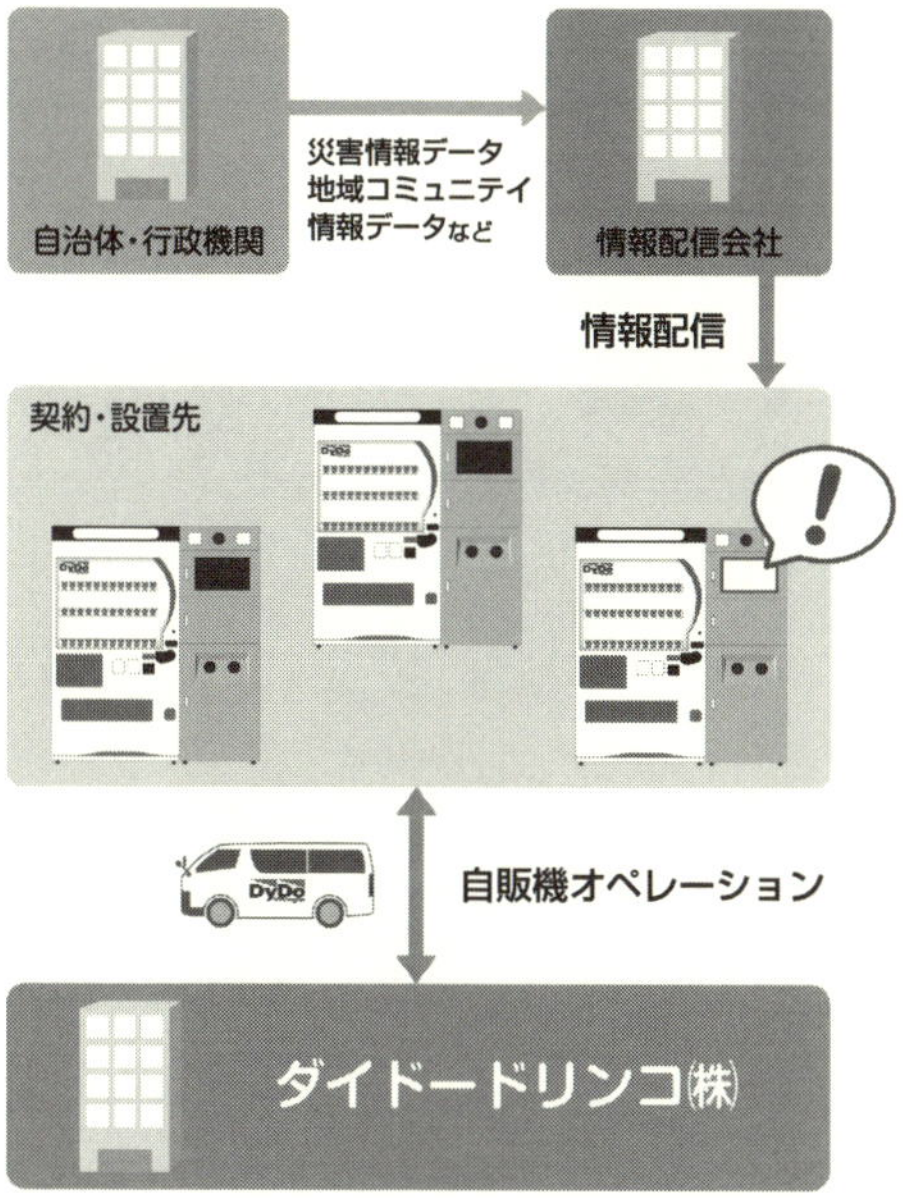

次に、デジタルサイネージによる災害情報無償配信システムの詳細について説明する。

弊社が開発したこのシステムは、災害情報配信機能（Alert）、災害救援機能（Emergency Rescue）、映像配信機能（Commercial）の大きく3つのカテゴリから構成されている。

まず、災害情報配信機能は緊急地震速報、津波警報、各種警戒情報、地域別の避難所情報などがあり、有事の際は画面による告知と端末上部に備え付けられている大音量スピーカーのサイレンで警告し、災害直後は地域ごとに必要とされる情報を提供することが可能である。

災害による電源喪失の際に内蔵のバッテリーで一定時間は情報の発信ができるところも独自の機能である。

災害救援機能は前述の災害救援機能付き自販機と組み合わせたもので、人が集まる場所＝救援物資が必要とされる場所という定義がここでも成り立つ。

映像配信機能は災害時だけではなく、ニュース、気象情報、防犯情報、自治体情報、イベント情報といった近隣住民に親しまれるコンテンツが日々配信される仕組みとなっている。

現在では、このような地域に根ざした取り組みが広く評価され、地方自治体だけでなく、国土交通省や復興庁などの行政機関からも評価をいただき、導入が進んでいる。

安全安心まちづくりの一環として、デジタルサイネージによる災害情報無償配信システムが広く周知され、災害救援機能付き自販機とともに、設置台数を増やしていくことが「企業としての社会的責任」を果たすことであると考えている。

＊（一社）全国清涼飲料工業会のホームページ　http://j-sda.or.jp/　２０１3年4月1日

ダイドードリンコ株式会社　中島　孝徳

6

章

chapter 6

今後の課題

今後の課題

本書では、公共建築を活用した安全安心まちづくりについて、工作物・建物レベルから、その複合施設、地区・都市・国土構造のあり方まで幅広く対象としている。また、基本的視点として、通常の施設計画から「ちょっとした工夫でいざというときに役立たせる」、言い換えれば冗長性・多用性を付加することが有効であることを主張している。

その背景にある思想は、公共施設は災害時を含めていかなる事態でも安全の拠点となるべきであるという考え方と、災害はハードだけで守り抜くのではなく、日常生活との関連や連続を切らさないかたちで柔軟に対応するべきであるという減災の考え方である。

しかしながら、安全安心まちづくり全体を俯瞰《ふかん》すれば、さらに多様な視点や切り口があり、それによるなすべき課題が多くある。われわれの研究会でも議論はしつつも、まとめまでには至らなかった重要な視点や課題を以下に列記し、今後の研究課題としてあげておきたい。

老齢化社会の中での安全安心まちづくりへの対応

高齢者は災害弱者と呼ばれるが、老人ホームなどの高齢者福祉施設は地価が安く、災害に遭いやすいところにある例が多く、現実に集中豪雨などで被害を受けている。

また、大都市に残る老朽木造住宅密集地は災害時に大規模火災の危険が大きい。これらの地域では高齢化が進み、自力では対応が難しい高齢者も多く、避難などにあたって地域コミュニティ全体での対応が求められている。

情報化社会の中での安全安心まちづくりへの対応

被災し、あるいは帰宅困難な状況におかれて、まず人々が行う行動は家族や関係者への安否確認の連絡であろう。しかしながら、災害時には皆が同じ行動をとるため、電話回線は容量オーバーして機能せず、人々を不安に陥れる。

災害時でもつながる携帯電話などの通信システムの強化がなされれば、人々は安心して冷静な行動をとることができる。また、地震や大雨などの的確な災害情報と情報告知など、確実にかつ分かりやすく人々に届くシステムが求められる。

地域防災としての事前復興の考え方の普及

自然現象としての大地震の発生は避けられないものの、災害を極力少なくする要《かなめ》は、日頃の準備、防災対策である。いわゆる自助・共助・公助の認識徹底を周知させることが重要である。

自治体レベルでは、公助としての地域防災計画の策定と周知、企業・団体におけるＢＣＰ（事業継続計画）の策定と周知、震災復興対策・計画の事前準備が求められる。また、被災する事態を事前に予測し、あらかじめ仮設市街地の事前確保、仮設住宅や関連生活施設建設の準備を行う「事前復興」の概念を徹底させておくことが重要である。

水平思考で減災を考える

人々の安全安心を考えるとき、トップダウンの上から目線だけでなく、身近なアイデアを実践に活かす発想も必要である。われわれの研究会でも以下のようなアイデアなどを検討した。

・きわめて身近なところに逃げ込める救命装置（たとえば、何人かが入れる脱出ポッドのようなもの）

・船のような建築・住宅。津波だけでなく、液状化にも強い。1万トンくらいの船で、港の沖に浮かべてまちの施設にする。沈まない自動車。

・救命胴衣の配備（この研究会メンバーのダイドードリンコ㈱が清涼飲料自動販売機に装備済）

世界をリードする防災都市技術・システムの確立

地球上には、数多くの大地震や大雨、台風などが発生する自然災害多発地帯は多い。防災・減災は世界的課題であり、このテーマにおける先進国である日本の技術・知見を活かすことが求められている。

防災についての個別の技術・知見を総合的に統合し、都市インフラ技術・システムとして再構築する。加えて、この都市防災システムを、新しい国の成長産業に位置づけ、世界にセールスする。現実に、省エネルギー、環境、スマートシティ関連技術は、海外から技術協力を求められ、実施されている。その例にならいたい。

あとがき

わが国の建築物の総ストックは約80億平方メートルに及んでおり、このうち国および地方自治体の施設が約１割の７億平方メートルを占め、その約70%が１９７０年代以降に建設されている状況です。

これらの公共建築は、その折々の行政需要にあわせ、都市の枢要な位置に建設され、地域の市民サービスの拠点としての役割を担ってきました。しかし、都市化の進展や少子高齢化などの社会環境の変化を受け、有効に活用されていないものが少なくなく、また、地震防災問題、地球環境問題、ＩＴ化やバリアフリー化など新たな社会的ニーズに対応していないものも少なくありません。

ＬＬＰシビックデザインは、このような状況に対応するため、これまで全国の主要な公共建築の整備の実績とさまざまな技術力を有する識者の英知を集め、組織化をはかり、共同事業などを推進し、地域活性化・再生に貢献することを目的に設立しました。

ＬＬＰシビックデザイン設立翌年の２００７年７月に新潟県中越沖地震が発生し、テレビなどでその被害の状況が報道されるなか、避難所となった学校の体育館における避難者の過酷な様子が画面に映し出されていました。この状況に鑑《かんが》み、公共建築、公共空間の防災性能のあり方を研究する「安全安心まちづくり研究会」を設け、長岡市における新潟県中越地震の被災状況を調査するとともに、柏崎市において、新潟県中越沖地震における避難所の運営に携わった方や避難生活をした方などから、その実情をヒアリングし、避難所施設のあり方を提案しました。

その後、それらの実現化、具体的な方策を検討するため、関連企業の協力のもと調査研究を進め、既存施設の有効活用による避難所施設のあり方を提案しました。この提案については、５章「企業の具体的取り組み」のなかで詳しく述べられています。

２０１１年３月の東日本大震災が記憶に新しい同年４月、ゲストに当組合会長である伊藤滋・早稲田大学特命教授と松田芳夫・一般社団法人全日本建設技術協会会長（元・建設省河川局長）を迎え、これからの安全安心まちづくりの方向を議論することをねらいとして、懇談会を開催しました。

懇談会では「今後は東海・東南海・南海地震＋日向灘地震の４連動、首都直下地震への対応を検討する。特に、大都市が問題。東京、名古屋をどうするかを考えることが必要である」などと示唆されました。これを受け、長岡市における新潟県中越沖地震からの復旧・復興状況や、東日本大震災の被災状況を調査するなど、研究会活動をより進化させ、首都直下地震や南海トラフ地震を意識し、防災はもとより、減災という視点を加味し、公共建築・公共空間の高度・有効活用による安全安心まちづくりの方策を研究してきました。

研究では、公共建築・公共空間など「日常的に利用しているものをちょっとした工夫でいざというときに役立たせる」ということを基本的な視点として進め、アクションプランを整理しました（巻末資料参考）。

それらの活動から得られたことは、いざというときの大災害に対して防災・減災に役立つ公共建築・公共空間のあり方としては、効率性・経済性だけでなく、地域の特性に応じた冗長性・多用性（Redundancy & Usability）が必要という考えです。

本書は、これらの安全安心まちづくりの視点とあわせ、研究会活動で各自が培《つちか》った防災・減災の知識・知恵などを活かして日ごろの業務や活動に展開していることや、それらを通して得られた事がらなどを取りまとめたものです。

本書が、今後発生が危惧される大規模な地震、津波、風水害などに対する安全安心まちづくりの一方策として、少しでもお役に立ち、持続性のある社会の構築に貢献できることを期待してやみません。

最後に、本書をまとめるにあたり、日刊建設通信新聞社の本郷正人さん、コム・ブレインの井上比佐史さん、土屋康二さんには、その折々で適切なアドバイスと文章表現をご指導いただき、貴重な経験をさせていただいたことに感謝いたします。

２０１４年３月

ＬＬＰシビックデザイン
安全安心まちづくり研究会
座長　鳴海　雅人（～２０１３年４月）
座長　澤井　一善（２０１３年４月～）
齋藤　繁喜
髙橋　徹
吉田　邦雄

協力　株式会社岡村製作所
ダイドードリンコ株式会社
ヒューリック株式会社　田中　延芳

■ 安全安心まちづくり　アクションプラン 36

東日本大震災を契機とした“公共建築・公共空間などの活用によるまちなか安全安心の向上”
日常的に利用しているものをちょっとした工夫でいざというときに

Redundancy & Usability

項目		課題・例示	整備・機能　活用・運営	
安全安心 グランドデザイン	・土地利用・用途容積 ・道路・街路 ・都市河川・水路 ・都市緑化 ・都市景観 ・都市交通 (公共交通)	沿岸部：津波避難 都市：帰宅困難者 災害弱者（老人、障害者、病人、子供など) 高台移転 産業に持続性、再生	スーパー堤防で道路・鉄道 河川、水路、運河、掘割 公園、緑地、広場の機能的連携	市民防災拠点ネットワークの形成 ・市民防災拠点：津波避難ビル、公共建築 まちなか防災拠点 補給、避難、情報、備蓄 ・災害弱者施設の立地（老人福祉） ・津波避難ビル・帰宅困難者収容スペースの整備ありかた
都市空間	街角を活用する・まちなかをデザインする ・街角・隅切り ・隙間を活用 ・街灯 ・電線地中化 ・バス停 ・駐輪場 ・ゴミ集積所 地下鉄空間を活用する 電車を活用する 空港・駅舎を活用する ・駅 ・地下鉄と地下空洞等の空間活用 公園を活用する 備蓄空間（非常食、飲料水）を進化させる 防犯カメラを進化させる 都市緑化 都市用水 空地活用	・まち空間を安全安心化 中心市街地 住宅地 ・邪魔ものを地域の宝へ ・余剰空間の活用 避難器具・備蓄品置場 切符売り場がなくなる 地下都市の可能性 監視システムと空間の関係 壁面・屋上 駐車場が一般的	ハイブリッド化。非常時のコンセント 電線地中化し、盤類をベンチに バス停を防災シェルターに（屋根・壁) 防災シェルター 非常用マンホール、トイレ コンコースの利用 交通ターミナルを防災拠点へ 異種交通のネットワーク化 情報拠点、宅配受取場の活用 災害時のエネルギー源：樹木 [薪]、水（無駄な伐採をしない)、防火樹林 塀の美化と耐震性向上 消火・生活用水の確保 水路・掘割、溜池の活用・適正配置 近隣防災拠点　（備蓄基地)	・帰宅困難者収容拠点：まちなか防災スポット ①場所：駅周辺、主要道路サイド ビルの1F を開放・容積割増制度：防災拠点ビル デパートなど公共的な建物 空きビル、空地の活用 ②機能 情報機器（大型ディスプレー、充電器、インターネット) 備蓄（食料、水、毛布など) ・トイレ、休憩所を適切配置 公園、コンビニ、街角、公開空地 ・公園　トイレ・防災倉庫を設置、 有料で維持管理を確実に ・災害救援機能付き自販機 (デジタルサイネージ) 病院移動列車 ・電車を災害時、病院に活用 ・駅舎はトリアージ空間へ ・車両の椅子をベッドへ 公共交通は輸送手段として 駅舎・地下道を一時避難空間へ

建築空間	庁舎・オフィスを活用する ・庁舎 ・近隣センター	セーフパーティション・情報ボード	公共施設の活用（機能・配置・規模）体系化 ・庁舎　対策本部機能 ・図書館　避難所、生活備品備蓄 ・文化施設　避難所機能の具備 ・老人福祉施設　立地 ・その他（公民館、美術館、郵便局など）
	公民館・コミュニティセンターを活用する		
	図書館を活用する	開架スペース活用、書架をパーティションに	
	劇場を活用する	劇場椅子のベッド可変化 発電機による災害時活用	
	美術館・博物館を活用する	展示空間が避難住空間に	
	病院を活用する	プライバシー、セキュリティ、 コミュニケーション	待合室のソファーを活用 （ベッド、備蓄収納） 病院 ・医療器具の免震化（点、面） ・廊下の幅はベッドを置ける、各種サービス装置も ・小規模発電所（石油の備蓄）
	スタジアムを活用する	圧倒的な収容能力	スタンド下部空間の活用　防災&コミュニティ
	コンビニを活用する	全国4万軒、24 時間営業	
	ガソリンスタンドを進化させる	エネルギー革命	
	宅配を進化させる		
	住宅・集合住宅を活用する		
	戸建住宅を安全にする	わが家が最適な避難所	間伐材利用の耐震グッズ 住宅 ・わが家が最適避難所　住宅耐震化　耐震グッズ 耐震家具、耐震間仕切・ふすま・格子 ・車は満タンに ・太陽光発電瓦（景観配慮） ・井戸
	学校を活用する	教室が他の用途になる	給食室の活用 学校　避難所&教育環境確保 ・立地の適正化（安全・環境など） ・耐震性確保　構造サポートシステムの提案 ・バリアフリー化　スロープ、洋式トイレ ・情報配線　・受水槽蛇口　・防災物品の備蓄 ・セーフパーティション製品化　・自家発電設備
	体育館を活用する	耐震補強と避難スペース	
	データ（バックアップ）センターを整備	データ流出、情報漏えい、 電源確保・耐震性確保	データ（バックアップ）センター構想 ・全国 10 カ所　・施設性能基準の構築
装置・設備	エレベーターを活用する	閉じ込め安心装置	
	災害時トイレ・ゴミ処理を進化させる		ゴミ処理、汚水処理　メタン発電　←オゾン・バクテリアで消す
	免震装置・制振装置・耐震技術を進化	ゼネコン等の実績参考	
	設備・家具を進化させる		住宅用：耐震家具、耐震たんす、耐震格子、耐震ふすま
	自販機を進化させる		情報版、自家発電、充電器、防犯カメラ、防災電話　防災ネットワークサポートスポット
その他	非常食・飲料水確保を進化させる		浄化装置 ・自販機　次世代自販機（CO_2排出ゼロ） 防災ネットワークサポートスポット ・放射能緩和飲料開発 ・エレベーター閉じこめ対策
	監視システムを進化させる		
	仮設テントを進化させる	多機能型	
	メンタルケア・就労トレーニングルーム	新しい行動空間	体制マニュアル、 行動マニュアルの作成
	ペットと共生する		
	自主防災組織を確実に		

【執筆者紹介】

吉田　邦雄（よしだ　くにお）
１９４４年埼玉県生まれ。日本大学理工学部建築学科卒業。建設省（現・国土交通省）で官庁施設の整備およびシビックコア地区制度創設に携わり、中部地方建設局、関東地方建設局営繕部長などを歴任。退職後、社団法人（現・一般社団法人）公共建築協会で全国のシビックコア地区形成を推進するほか、設計業務量調査や設計プロポーザルマニュアルの作成などを行う。その後２００６年、ＬＬＰシビックデザインの設立に参加。現在、ＬＬＰシビックデザイン専務理事。このほか２００７年、財団法人（現・一般財団法人）建築保全センターと公共建築協会が設置した「次世代公共建築研究会」の地域連携部会の運営に携わる。

髙橋　徹（たかはし　とおる）
１９４５年富山県生まれ。東京工業大学大学院建築学専攻修了後、１９７２年、株式会社日本設計に入社し、都市計画部長、名古屋支社長、常務取締役などを歴任。東京都江東防災拠点再開発、相模大野駅周辺整備事業、代官山再開発、武蔵小杉駅南口再開発など、国内外の都市開発、市街地再開発事業の計画・設計・コンサルタント業務に従事。２０１０年、ＬＬＰシビックデザイン理事に就任。同年、日本設計退職後、クリエイティブスタジオを設立。そのほか、ＮＰＯ景観デザイン支援機構、横浜都市再生推進協議会などの運営に携わる。

齋藤　繁喜（さいとう　しげよし）
１９４０年栃木県生まれ。早稲田大学第二理工学部建築学科卒業後、興和不動産株式会社（現・新日鉄興和不動産株式会社）入社、設計部勤務。１９６７年、日本設計設立に参画。建築設計室勤務、取締役建築設計部長、常務取締役プロジェクト本部担当、専務取締役企画本部長などを歴任。主なプロジェクトは「筑波研究学園都市 通産省工業技術院」（ＴＩＣ）「沖縄熱帯ドリームセンター」「国際大学」「富山県工業技術センター」「ハウステンボス」「アクロス福岡」「新宿アイランドタワー」「東京スタジアム」「山口ドーム」「新国立美術館」「東京拘置所」など。日本設計退職後、株式会社アーキプロックスを設立、代表取締役に就任。ＬＬＰシビックデザイン理事、一般社団法人危機管理推進会議 専務理事、リアルコム株式会社 非常勤監査役。著書に『研究所事典』（共著・産業調査会）、『研究施設の計画と設計』（共著・建築技術）、『ハウステンボス』（共著・講談社）、『リゾート施設の変遷と展望』（共著・新建築社）、『建設大臣・知事指定講習 建築士のための指定講習会テキスト』（共著・日本建築士会連合会）など。

鳴海　雅人（なるみ　まさと）
１９５８年青森県生まれ。芝浦工業大学建築学科卒業後、１９８０年、佐藤武夫設計事務所（現・株式会社佐藤総合計画）入社。現在、執行役員 設計室長。主に公共建築の設計50件以上に関わる。主要作品は「南足柄市民会館」「北区飛鳥山３つの博物館」「北区中央図書館」

「和泉シティプラザ」「青梅市庁舎」「東京工業大学図書館」「千葉大学図書館アカデミックリンク」など。グッドデザイン賞、ＢＣＳ賞、建築学会選奨、ＪＩＡ賞、公共建築賞など多数。著書に『予感の形式』（共著・日刊建設通信新聞社）、『触発する図書館』（共著・青弓社）。

澤井　一善（さわい　かずよし）

１９７０年大阪府生まれ。大阪大学大学院工学研究科環境工学専攻修了。株式会社日本設計 企画推進部 部長代理。企画部門にて事業収支のスペシャリストとして数々のプロジェクト立ち上げに関わる。特に特別養護老人ホームや介護老人保健施設など介護保険施設の事業企画、開設許可申請、設立・運営コンサルタント業務を得意とする。現在、さまざまな設計プロポーザル・コンペに関わるかたわら、医療・福祉のコンサルタントとしても活動中。２００８年より独立行政法人放射線医学総合研究所客員協力研究員として重粒子線がん治療施設の建屋の研究にも携っている。主な著書に『高齢者介護シルバー事業企画マニュアル』（エクスナレッジ）、『都市・建築・不動産 企画開発マニュアル２００７～２００８』（エクスナレッジ）、『病医院の事業多角化モデルプラン集』（綜合ユニコム）など。

田中　延芳（たなか　のぶよし）

１９６５年北海道生まれ。１９９０年、株式会社久米建築事務所（現・株式会社久米設計）入社。２０１０年、ヒューリック株式会社に転籍。現在、技術環境企画部 部長。

株式会社岡村製作所

オカムラは創業以来、「よい品は結局おトクです」をモットーに、グローバルな観点から時代の変化を先取りし、お客様のニーズを的確にとらえたクオリティの高い製品とサービスを提供しています。オフィス・教育・文化・医療・研究・店舗・物流施設における製品開発・製造・販売を通して、快適な空間創造を提案するソリューション企業をめざします。

ダイドードリンコ株式会社

一見、ユニークとも思えるダイドードリンコ株式会社（DyDo DRINCO. INC.）という、私たちの社名。その名称には私たちの、会社に対する考え方が表れています。まず、「ダイドー」は、元々の設立母体である大同薬品工業株式会社の「大同」であり、これを国際化時代の総合飲料メーカーにふさわしく英文字表記とし、「ダイナミック」（Dynamic）と「ドゥ」（Do）にちなんで「DyDo」としています。また、「ドリンコ」は、「コーヒーを中心とする嗜好飲料、健康飲料などの製造と販売をビジネスのテーマとする」という決意を表現したもので、英語の「ドリンク」（Drink）に「仲間・会社」を意味する「カンパニー」（Company）をプラスした当社の造語です。全体として「ダイナミックに活動するドリンク仲間」を表現しています。

ＬＬＰシビックデザイン

・伊藤　滋　早稲田大学特命教授

・伊丹　勝　前㈱日本設計取締役会長

・内田 光彦　元㈱日本設計執行役員

・齋藤 繁喜　㈱アーキブロックス代表取締役

・髙橋　徹　クリエイティブスタジオ代表

・吉田 邦雄　ＬＬＰシビックデザイン専務理事

＊ＬＬＰ (Limited Liability Partnership　有限責任事業組合）とは、株式会社と並ぶ事業体であり、有限責任事業組合契約に関する法律（平成17年8月1日施行）によって制度化された新しい法人形態です。

つなぐまちづくり
シビックデザイン

発 行 日　2014年３月11日発行

著　　者　吉田　邦雄
高橋　徹
齋藤　繁喜
鳴海　雅人
澤井　一善
発 行 人　大澤　正次
発 行 所　株式会社日刊建設通信新聞社
〒101-0054　東京都千代田区神田錦町３－13－７
名古路ビル２階
TEL 03-3259-8719　FAX 03-3233-1968
http://www.kensetsunews.com
ブックデザイン　株式会社クリエイティブ・コンセプト
カバーデザイン協力　高瀬　真人
印刷製本　株式会社シナノパブリッシングプレス

ISBN978-4-902611-57-1